BIOGÉOTHÉRAPIE

—

solutions à la crise climatique

fondées sur la nature, la vie

comme force géologique

Benoit Lambert, Ph.D.

Les critiques littéraires permettent un meilleur référencement. Merci de considérer la rédaction d'une évaluation et d'un commentaire.

Benoit Lambert, Ph.D. Né au Québec il a habité 18 ans à Genève où il a enseigné les doctrines politiques à l'Université de Genève, le développement durable et les conventions internationales sur l'environnement dans une école de commerce. De 2000 à 2009 il a dirigé la branche francophone de l'Institut Worldwatch comme éditeur du rapport annuel *State of the World* et *World Watch magazine* (L'État de la planète en français).

Benoit a planté des arbres 20 saisons dans cinq provinces canadiennes, son coté manuel. Il tente présentement de lancer l'industrie du biochar dans la forêt boréale canadienne avec Cbiochar Inc., une entreprise dont il est fondateur.

Table des matières

Introduction

Biogéothérapie — solutions à la crise climatique fondées sur la nature, la vie comme force géologique présente le mouvement pour la capture et la séquestration du dioxyde de carbone de l'atmosphère. C'est un mouvement pour la restauration du climat, pour inverser la désertification, pour la biodiversité. Biogéothérapie présente les principaux éléments de ce mouvement, ses contours.

Depuis le rapport Brundtland en 1987, *Notre avenir à tous*, les décideurs et les autorités ont défini le développement durable comme le nouveau Grall. Étaient inclus les énergies et les matériaux renouvelables, le recyclage et les concepts d'écologie industrielle pour une économie circulaire, la conservation. Bien que toutes ces initiatives et ces idées vont dans la bonne direction, un mouvement prend forme aujourd'hui proposant beaucoup plus: guérir la Terre en faisant usage de la vie et de la science, une biogéothérapie. La restauration du climat en prenant appuie sur des procédés à émissions négatives, des procédés inspirés de la nature.

Nous pensons que ces idées furent lancées il y a trente-cinq ans. Réagissant à un article dans *Nature*, en 1987 Dr. Thomas Goreau publia une lettre à l'éditeur. Il y insiste sur le besoin de considérer les puits naturels de carbone dans la lutte au réchauffement planétaire. Goreau y réfère « à l'autre moitié du problème planétaire du dioxyde de carbone ». (27) Deux ans plus tard il écrit dans *Ambio*: « Si l'atmosphère doit être stabilisée, un équilibre doit être recherché entre les sources et les puits de CO_2. » (28)

Ces mots sont peut-être la toute première expression de ce qui est en voie de devenir un grand mouvement mondial protéiforme pour la capture et la séquestration du carbone sur Terre. Deux approches font débat: les solutions fondées sur la nature, et, l'approche géologique/technologique. Bien que les définitions sont parfois troubles, la biogéothérapie dont ce livre fait l'objet réfère principalement aux solutions fondées sur la nature. NbS est son abréviation en anglais. Les approches biogéothérapiques fondées sur la nature, et géologiques/technologiques, visent, toutes les deux, à rétablir le climat de l'Holocène. Mais l'approche NbS a de nombreux co-bénéfices. Par exemple avec la reconstruction biologique des sols, leur capacité à absorber et à retenir l'eau est reconstituée. L'ameublissement des sols est améliorée, les forêts et les écosystèmes sont reconstitués. NbS est multidimensionnelle et multi-usages. C'est une approche avec de nombreux co-bénéfices que n'apportent pas habituellement les approches géologiques — ou qu'elles

peuvent moins revendiquer. Nous devons cependant souligner

que depuis le début de notre recherche, l'approche 'capture et

séquestration du carbone avec utilisation' — le dioxyde de

carbone liquéfié dans le béton en est un exemple — a été

surprenante.

Les solutions fondées sur la nature veulent développer l'élevage

de régénération, l'agriculture de régénération, des matériaux et

des produits assurant l'extraction de dioxyde de carbone tout en

devenant un substitut à certains matériaux présentement en

usage. Les Nations unies utilisent l'expression 'solutions

fondées sur la nature', mais aussi, 'développement de

régénération'. En anglais CDR est l'abréviation pour l'extraction

de dioxyde de carbone et NET pour les technologies à émissions

négatives. Toutes les économies — nationales, régionales et

locales — sont concernées. Nous proposons l'usage de *Biogéothérapie — solutions à la crise climatique fondées sur la nature, la vie comme force géologique.* Moins anthropocentrique que d'autres expressions, biogéothérapie est pourtant un véritable projet pour les sociétés humaines, les animaux et les écosystèmes. Un plan d'action pour notre survie. La biogéothérapie vise à guérir les sols, les rivières et les océans, les mangroves et les herbages salins, les forêts et les prairies, tous les écosystèmes dont nous dépendons. Si elle est réalisée la biogéothérapie maintient les glaciers où ils sont une source d'eau, et, la production d'énergie où cette eau est turbinée. La biosphère, l'atmosphère, la cryosphère et l'hydrosphère, l'ensemble du système Terre nécessite une biogéothérapie. L'anthropocène actuelle menace l'humanité. Elle doit être inversée, et non simplement atténuée. Restaurer le climat et la santé de notre biosphère: on parle ici d'un effort pharaoniques.

Une connection américaine en France

Inquiet par les questions climatiques, le professeur Richard Grantham, un Américain émigré en France dans les années soixante, entra en correspondance avec Thomas Goreau à la suite de son commentaire dans *Nature* en 1987. En mai 1991 Grantham organisa et dirigea le « Colloque pour modélisation de la géothérapie et les changements climatiques » (*Colloquium on Modeling Geotherapy for Global Changes*) à l'université Claude Bernard de Lyon où Grantham était professeur — impliqué avec le génome humain, mais, en parallèle, inquiet des dégradations environnementales. Un colloque dans le cadre de la Conférence de Rio à venir avec l'intention d'influencer ses résultats. Un programme pour une géothérapie fut signé par sept membres de l'Union mondiale pour la recherche sur le quaternaire dont

Thomas Goreau. Il fut acheminé à la Conférence des Nations unies pour l'environnement et le développement (le secrétariat de la Conférence de Rio à Genève) et adressé au Conseiller scientifique principal Dr. Hao Quian.

D'autres rencontres suivront. Un livre de 34 chapitres sera finalement publié — mais beaucoup-beaucoup plus tard, en 2015. Intitulé *Geotherapy: Innovative Methods of Soil Fertility Restoration, Carbon sequestration, and Reversing CO$_2$ Increase,* son projet, capturer et de séquestrer du dioxyde de carbone, se trouve dans son titre (30). *Geotherapy* présente diverses approches et des expériences sur le terrain pour l'extraction et la séquestration de gas à effet de serre, mais également, pour la restauration de la fertilité des sols et leur activation biologique, la réactivation des chaines trophiques, *c.-à-d.* les chaines alimentaires de la nature.

Un développement durable plutôt abstrait prend un visage par des exemples de pratiques régénératrices. Nous croyons que *Geotherapy* est un marqueur de la naissance du mouvement pour l'extraction et la séquestration, pour un usage constructif des GES. Les approches présentées sont essentiellement fondées sur la nature, « Down to Earth » écrit Goreau dans une lettre à *Science*. (29) Des stratégies de relativement faible niveau technologique y sont présentées pour la guérison et pour restaurer la stabilité du système Terre.

Les solutions présentées ne sont pas exclusivement issues de la photosynthèse — la re-minéralisation des sols et le vieillissement par altération chimique de roches broyées (*enhanced weathering*) font également l'objet de chapitres. *Geotherapy* maintient cependant à distance l'approche dite de géo-ingénierie; Goreau affirme que les solutions décentralisées proposées dans *Geotherapy* sont, par leurs qualités propres très différentes de celles proposées par la géo-ingénierie. Nous mettons en lumière ces différences dans ce livre.

Le regretté Richard Grantham est présenté comme le père de la géothérapie, le livre comme la reminiscence de ses idées. À l'époque Richard Grantham proposait le reboisement de l'Afrique du Nord déboisée pendant des millénaires, y compris pendant l'Empire romain. Dans son rapport d'évaluation de 1990, le Groupe intergouvernemental d'experts sur le climat (GIEC) reconnait le reboisement comme un puits de carbone. Mais le reboisement était le seul puits présenté. Le deuxième rapport voit s'ajouter la fertilisation des océans et la séquestration des sols. Le troisième l'alkanisation des océans et l'altération chimique ou vieillissement accéléré de pierres par broyage. Progressivement d'autres méthodes sont ajoutées: la captation directe du dioxyde de carbone dans l'air (DAC), la bioénergie avec captation et séquestration de carbone (BECCS), le biochar.

Jusqu'à présent les émissions évitées et reconnues comme tel, étaient achetées sous la dénomination 'crédits carbone' par les pays appliquant le Protocole de Kyoto à la Convention cadre des Nations unies sur les changements climatiques. Ces crédits carbone étaient achetés par l'entremise du mécanisme de développement propre générant des réductions d'émission certifiés (CERs). On y réfère souvent comme des 'émissions évités'. Les CERs couvraient une partie des 'obligations' de pays et de secteurs liés par des engagements internationaux, avec des succès (4), et, avec des échecs (52). Or le mot puits apparait treize fois dans le texte du Protocole de Kyoto; ses auteurs étaient à l'évidence conscients des possibilités.

Aujourd'hui on assiste à une évolution des opinions sur les crédits carbone, en particulier sur les extractions. La Plateforme pour les émissions négatives, une ONG à Bruxelles, participe à une mise à jour des marchés du carbone comme outil pour la capture et la séquestration du carbone. L'ambition est la réduction massive des émissions de GES, avec, en deuxième lieu, la capture et la séquestration du carbone résiduel encore émis. Lorsque zéro-net aura été atteint en combinant réductions et extractions, les émissions historiques de dioxyde de carbone devront à leur tour être extraites et séquestrées.[1] C'est le plus grand défi auquel l'humanité n'a jamais fait face. Il est difficile de percevoir, de s'imaginer et de concevoir l'ampleur d'un tel effort — ce qui peut expliquer la vitesse géologique à laquelle certaines décisions sont prises.

[1] Selon World in Data « Depuis 1751 le monde a émis 1.5 billion de tonnes de CO2. Les émissions de dioxyde de carbone issues de la combustion de carburants fossiles étaient presque nulles avant 1750. Le Royaume-Uni a été la première nation industrialisée — le premier émetteur de CO2. En 1751 ses émissions étaient de moins de 10 millions de tonnes au total — 3600 fois moins que les émissions planétaires d'aujourd'hui. 16% de méthane, 6% de protoxyde d'azote et 2% de gas fluorés doivent être additionnés et leur temps de vie pris en compte. Même en considérant la séquestration par la biomasse et les sols des GES anthropogéniques dans l'histoire par captation naturelle (biomasse et sols), on peut dire que 1000 GtCO2e ou un billion de tonnes (*trillion* en anglais) d'émissions historiques devront être extraites de l'atmosphère et des océans, puis, séquestrées, pour revenir aux niveaux de l'Holocène, 280 ppm dans l'atmosphère. »

Les puits de carbone naissent-ils égaux?

L'Académie des ingénieurs de Grande-Bretagne a proposé une caractérisation en trois volets des puits de carbone. La 'séquestration avec extraction biologique' inclut l'afforestation/reforestation avec la restauration d'habitats; la séquestration par les sols et le biochar; la capture et le storage du carbone par bioénergie (BECCS); la fertilisation des océans; la construction avec de la biomasse. Les 'réactions inorganiques naturelles' incluent l'altération chimique de roches broyées, en particulier l'utilisation de résidus miniers comme l'olivine; la carbonatation minérale au sol; l'alkanisation des océans. L'extraction par méthodes d'ingénierie réfère à la capture directe dans l'air (DAC) avec storage géologique; DAC avec des méthodes de carbonatation sous terre; DAC avec storage en profondeur dans les océans; et, le béton négatif en carbone avec utilisation de dioxyde de carbone liquéfié. (73) Certaines de ces approches — souvent incluses dans les scénarios sur l'avenir du GIEC (les 'modèles d'évaluation intégrés') — sont à une phase expérimentale. De nombreux observateurs les jugent surestimées. Ils mettent en garde contre trop de considérations pour des solutions non démontrées.[2]

Les voix interrogeant les solutions inorganiques et géologiques, la géo-ingénierie, sont nombreuses. Pour eux les méthodes issues de la biomasse permettent une séquestration naturelle que l'humanité peut amplifier; des méthodes avec lesquelles elle peut prospérer sans risques. Ils opinent également que cela peut se faire à l'échelle nécessaire, et, ils insistent sur ce point, sans

---

[2] Il est étonnant de voir les sommes investies dans l'approche capture directe dans l'air (DAC), une technologie au tout début de son développement. Elle requiert beaucoup d'énergie, et, des infrastructures massives avec des enjeux d'acceptabilité dans les régions densément peuplées.

délais. Ces méthodes prêtes pour une application incluent l'élevage et l'agriculture de régénération, le développement de régénération, la reforestation massive. Ces scientifiques, praticiens et militants, pointent du doigt les co-bénéfices en cascades de solutions fondées sur la nature.

L'un d'eux est le directeur du Centre pour la gestion et la séquestration du carbone, le professeur Rattan Lal. Lal affirme que 50 à 70 % du carbone dans les sols agricoles a été perdu en grande partie du fait de leur exposition à l'air libre après les labours (80). Lal joue un rôle majeur dans la diplomatie entourant le mouvement; il pense qu'il est non seulement possible d'arrêter, mais d'inverser les sources de GES issues de l'agriculture et contribuant au réchauffement climatique et à la désertification. En mettant le carbone où il a un effet positif, dans les sols, Lal croit qu'il est en prime possible d'améliorer grandement la sécurité alimentaire. (44)

Diverses approches sont proposées par un nombre croissant d'acteurs. Très audacieux, le fondateur d'Indigo Ag., David Perry, dit que son entreprise peut remettre dans les sols agricoles une terratonne de dioxyde de carbone, 1000 GtCO$_2$. « La solution potentielle est à la hauteur du problème » dit-il. (33) Indigo Ag. a lancé « l'initiative terratonne ». Chacun espère que l'histoire lui donnera raison, mais certains craignent que les technologies à émissions négatives, fondées sur la nature ou géologiques, dissuadent les pays (et l'industrie des carburant fossiles) de réduire leurs émissions et la déforestation. Certains observateurs ont même affirmé qu'extraire les émissions de dioxyde de carbone de l'atmosphère afin de prévenir un réchauffement catastrophique pourrait être un jeu de dupe —

« l'aléa moral par excellence », « *moral hazard par excellence* » en anglais.

Les attaques sur les compensations carbone par Carbon Market Watch et Greenpeace ont donné lieu à des débats notoires, en particulier sur le site d'Ecosystem Marketplacec avec VERRA, une ONG générant des crédits carbone. Récemment les compensations/crédits carbone ont été renommés certificats d'extraction de dioxyde de carbone (CORCs) par un courtier et développeur de méthodologies en Finlande Puro Earth — plateforme dans laquelle Nasdaq a investi. Tout apparait comme si les compensations entrent dans une nouvelle ère, passant d'émissions évitées, à des émissions extraites et séquestrées.

Chacun dans ce débat balbutiant semble défendre ce qu'il/elle connait le mieux. Et parfois ses intérêts. Bien que répondre au déséquilibre du cycle du carbone est de plus en plus perçu comme possible et faisable, on parle d'initiatives aux proportions Babyloniennes. Malgré des divergences concernant les méthodes ou les mécanismes à déployer, chacun s'entend sur l'enjeu. Il y a urgence d'agir. (7, 18) Pour aller au-delà de la géothérapie, Thomas Goreau pense que nous devons désormais parler d'une biogéothérapie. Ce livre explique pourquoi, ce que le terme contient, et, par dessus tout, son potentiel pour mener l'humanité vers des civilisations durables dans lesquelles une vie de qualité est possible.

La biogéothérapie comme concept

La majorité des idées et des concepts dans le domaine de l'environnement — écosystème (Arthur Tansley 1935), biosphère (Vladimir Vernadsky 1926), biodiversité, système Terre, changements climatiques, anthropocène (popularisé par le chimiste de l'atmosphère Paul J. Crutzen) — ont des origines scientifiques et académiques. Il nous apparait que biogéothérapie est inspirée par un spectre d'acteurs plus large. Sous le titre « régénération » ce mouvement doit beaucoup aux fermiers et éleveurs 'dissidents' du modèle agro-industriel dominant. Dans les assemblées d'agriculteurs, aux auditions du Congrès américain, lorsqu'ils s'adressent aux diplomates de l'Accord de Paris, ces fermiers défendent des idées transformatrices et porteuses d'espoirs. Des idées nées sur des fermes de toutes les dimensions autour du monde. Bien que l'environnement et le réchauffement de la planète ne sont peut-être pas leur première motivation, ces techniques constituent de véritables réponses aux crises environnementales. Après la révolution industrielle et la puissance du moteur à combustion, après la révolution des télécommunications et de l'information, la révolution des sols, elle, ramène chacun à des questions plus fondamentales, terre-à-terre, la sécurité alimentaire et la restauration climatique.

Le concept de régénération émerge également dans les milieux industriels, et, plus récemment, parmi la 'finance carbone' à la recherche d'activités économiques à faible teneur en C. Les solutions fondées sur la nature sont souvent mises de l'avant pour leurs co-bénéfices et pour leurs résultats positifs en cascade. Révolutionnaire dans sa conception du développement, le mouvement pour une biogéothérapie-régénérative touche tous les aspects de nos vies: l'élevage animal, l'agriculture, les

matériaux, les produits manufacturiers, la reforestation et la

restauration de la vie sauvage. Les sols, l'eau et la qualité de

l'air sont améliorés. De nouvelles connaissances en pédologie et

en élevage, en biologie, sont intégrées aux activités

économiques. Des acteurs rêvent même d'activer les sols sur des

terres dégradées et marginales, de cultiver les déserts. (81)

Le documentariste John D. Liu a suivi pour le compte de la

Banque mondiale un de ces projets de restauration dont le succès

s'est révélé spectaculaire, le Project de restauration du plateau

Loess en Chine. (47) En 2017 il a fondé Camps pour la

restauration des écosystèmes, un mouvement mondial visant la

restauration d'écosystèmes endommagés à grande échelle.

Régénératrice, restauratrice, initiée pour réparer, la

biogéothérapie participe d'une évolution linguistique et

conceptuelle, une évolution qualitative et réparatrice. En théorie un développement reproductible à perpétuité.

Avec toutes ses options, pour l'élevage de régénération, l'agriculture de régénération, le développement régénérateur, biogéothérapie réfère autant à la santé des écosystèmes qu'à des procédés, des méthodes ou des technologies. La biogéothérapie favorise une 'nouvelle économie du carbone' (2) Pour faciliter et accélérer la santé de la Terre, des certificats d'extraction du dioxyde de carbone sont aujourd'hui produits, suivis, vérifiés, livrés et font l'objet d'enregistrements. Ils sont achetés pour atteindre le 'zéro-net' d'une comptabilité carbone. Les émissions ne pouvant être réduites par un acteur économique sont séquestrées par un autre — aujourd'hui non pas uniquement avec des crédits en soutien à des technologies moins émettrices (émissions évitées), mais avec de véritables extractions et stockage de dioxyde de carbone, des puits de carbone (émissions extraites).

Jusqu'ici les marchés soutenaient les émissions évitées issues d'énergies renouvelables ou de la destruction ou l'usage de gaz industriels (en particulier le méthane). Ces compensations étaient utilisées pour rencontrer des obligations du protocole de Kyoto à la Convention cadre des Nations unies sur les changements climatiques, ou, sur les beaucoup plus petits marchés volontaires. Par contraste les technologies à émissions négatives elles captent et stockent le carbone. Leur effet de réchauffement est annulé. Ces captures avec séquestrations — et souvent usages — sont guaranties pour un siècle ou plus. Shopify, Spotify, Microsoft et Swiss Re furent parmi les premières entreprises à prendre l'engagement du net-zéro en réduisant leurs émissions et en faisant usage de certificats d'extraction permanents pour les émissions restantes. Microsoft a même pris l'engagement de non seulement couvrir ses émissions actuelles, mais mieux de compenser ses émissions depuis sa création en 1975 en incluant les émissions de leurs fournisseurs (appelé scope/niveau 3).

Selon une rencontre virtuelle organisée par la Banque mondiale innovate4climate, jusqu'à mille compagnies ont ou étaient sur le point de prendre l'engagement « net-zéro ». Un rapport de Oxford Net Zero montre que plus du cinquième (21%) des plus importantes entreprises publiques avec des ventes combinées de $ 14 billions se sont données le même objectif. (83) « Climat positif » serait réservé aux entreprises prenant des engagements au-delà de leurs propres responsabilités.

La finance carbone pourrait être le moteur derrière l'extraction de dioxyde de carbone, par l'élevage de régénération, les nouvelles pratiques agricoles régénératrices, ou grâce à des matériaux régénérateurs faisant usage de dioxyde de carbone liquéfié ou de biochar. Mais il existe de nombreuses raisons, autres que financières, pour adopter des méthodes de production associées à la biogéothérapie: la fertilité à long terme des sols, éviter les inondations, la résistance aux sécheresses grâce aux capacités de rétention améliorées des sols, la santé des animaux, la réduction d'intrants, la force et la qualité des matériaux, etc. Terme nouvellement introduit dans la littérature onusienne le 'développement de régénération' offre un chemin vers un véritable développement durable — un concept massivement mis de l'avant depuis trente ans mais rarement défini de façon convaincante. La biogéothérapie a l'ambition de résoudre la crise climatique avec des solutions fondées sur la nature, la guérison des sols, un élevage plus sain, plus naturel et plus

humain, des routes, des bâtiments et des aéroports négatifs en

carbone. Le but est la restauration du climat en revenant à

l'équilibre carbone de l'Holocène, à sa stabilité relative

documentée par les scientifiques de la Terre. Les pratiques

régénératrices proposent des méthodes naturelles pour

l'extraction du dioxyde de carbone de l'atmosphère et des

océans[3] et pour son stockage « là où il devrait se trouver et a un

effet désirable », dans les sols. Les principales méthodes

incluent l'élevage de régénération, l'agriculture sans labour avec

plantes de couverture, le biochar, l'agroforesterie et la

reforestation.

---

[3] Une fois l'extraction du dioxyde de carbone de l'atmosphère entrepris, celui
absorbé dans les océans va, du fait d'un changement de pression, s'extraire
— des océans que le dioxyde de carbone acidifie.

Président de l'Alliance mondiale pour la protection des récifs coralliens, Dr. Thomas Goreau propose de nommer cet engagement herculéen biogéothérapie. Goreau identifie aujourd'hui deux chemins distincts: un fondé sur des méthodes issues de la nature, et, un deuxième fondé sur des approches géologiques, des méthodes et des pratiques issues de la géo-ingénierie. Certains parlent de solutions à la crise climatique fondées sur la technologie. Des pratiques issues de la géo-ingénierie pour lesquelles Goreau exprime des doutes: elles sont couteuses, consomment beaucoup d'énergie, sont risquées, centralisées, et non prouvées dit-il. La biogéothérapie elle inclut des activités économiques inversant la désertification et le réchauffement planétaire, mais également, elle nourrit sainement l'humanité et guérit la biosphère et ses écosystèmes. (93). Les biogéothérapistes imaginent également du béton et de l'asphalte négatifs en carbone; certains parlent même de nouveaux matériaux faits de bois comprimé ultra-résistants pour remplacer

l'acier. L'auteure française Isabelle Delannoy réfère à « une

économie symbiotique bio-sourcée ». (15)

Les révolutions en élevage, en agriculture, la révolution

industrielle ont permis des avancés matériels et scientifiques

pour le bien-être de l'humanité. Le « progrès économique » est

présenté comme souhaitable par les décideurs et les politiciens;

sa définition fait rarement l'objet de débats sérieux en dehors de

groupes spécialisés — les politiciens appellent de leur souhait la

croissance économique comme s'il n'y a pas de limites. Mais

confrontée aux destructions de la nature, l'humanité a besoin

d'une nouvelle idée du développement, régénératrice et

restauratrice. C'est une question de survie. Il faut rompre avec

les pratiques productives actuelles, passer d'une prospérité

fondée sur l'extraction vers une prospérité auto-restauratrice, auto-régénératrice, auto-réparatrice. Il est évident que certains

pays pourraient continuer à utiliser des méthodes extractives

plus longtemps que les pays riches et déjà développés — sur

cette question l'Amérique latine connait un débat virulent,

l'*extractivismo* vs le besoin de revenus pour financer les

infrastructures. La biogéothérapie propose de ré-orienter le

développement et la science vers davantage de pédologie,

davantage de biologie, et, plus d'écologie. Une économie

soutenue moins par la physique, la chime et les minéraux;

davantage bio-sourcée, une bioéconomie en harmonie avec une

gestion durable et qualitative des systèmes vivants. Une

nouvelle phase de l'anthropocène est proposée, une phase

réparatrice. Une biogéothérapie résultant d'un nouveau modèle

de développement s'appuyant sur les énergies renouvelables et

les transports électrifiés, mais aussi, au-delà de l'écologie

industrielle et des économies circulaires, se fondant sur des pratiques régénératrices, un développement guérisseur et médical pour une biosphère en santé, avec à l'esprit les générations futures.

Avec des propositions parfois contre-intuitives, la biogéothèrapie confronte les procédés de production tout autant que le monde des idées et de l'éthique. Une meilleure compréhension du cycle du carbone, en outre comment les chaines trophiques nourrissent toute la vie, constitue le socle du concept. Les trois grandes conventions environnementales issues du Sommet de Rio en 1992 sont concernées: la Convention cadre des Nations unies sur les changements climatiques; la Convention sur la diversité biologique; la Convention des Nations unies pour combattre la désertification. Une biogéothérapie que l'ONG Régénération internationale a résumé d'une formule, « refroidir la planète, nourrir l'humanité ». Le jour de la Terre 2021, John Kerry, l'envoyé spécial du Président des États-Unis pour le climat, à l'évidence conscient de l'importance des émissions historiques, s'est joint aux promoteurs des technologies à émissions négatives en déclarant: « Même si nous obtenons zéro-net, nous aurons besoin de l'extraction du carbone ». En utilisant les solutions fondées sur la nature, les biogéothérapistes croient que l'extraction du dioxyde de carbone par les méthodes naturelles peut se traduire par 'la vie comme force géologique pour guérir'.

Dans un essai récent Marie-Monique Robin interview plus de soixante scientifiques concernant la Covid-19. Selon eux le modèle de développement actuel est « une usine à pandémies » particulièrement du fait de la déforestation. Le livre donne de nombreux exemples. (72) L'écologie médicale explique comment nous augmentons les risques. De plusieurs manières la biogéothérapie est de la médecine écologique. Nous tentons de

raconter son histoire avec quatre pratiques principales comme

piliers — l'élevage de régénération, l'agriculture de

régénération, le biochar et le reboisement — mais également

d'autres pratiques brièvement présentées.

Une idée contre-intuitive pour la restauration du climat: la gestion holistique des pâturages

Dans le monde francophone, les pratiques régénératrices sont relativement nouvelles. Pourtant l'hexagone y joue un rôle scientifique et diplomatique central. Professeur à l'Institut universitaire d'études du développement à Genève, auteur de *La biosphère de l'anthropocène*, Dr. Jacques Grinevald disait que les idées prennent cinquante ans à s'imposer. (35) Si tel est bien le cas, la ré-édition par Éditions France Agricole de *Productivité de l'herbe* (1957), et, de *Dynamique des herbages* (1960), 61 et 58 ans après leur édition originale confirme la théorie, avec 10 ans de retard. (97, 98) La redécouverte des observations et des enseignements de l'agronome et écologiste André Voisin sur l'agriculture et l'élevage transforme les pratiques. On est devant un changement de paradigme que le documentaire *Kiss the Ground* sur Netflix a brillamment mis en lumière. (89)

Dans sa biographie de Voisin, Éditions France Agricole présente son héritage ainsi: « Si les travaux d'André Voisin ont très tôt connu un fort succès à Cuba, il faudra attendre les années 1980 pour que les Anglo-Saxons le redécouvrent, avec des agronomes tels que Allan Nation, Allan Savory ou Joël Salatin. Ce n'est que très récemment que l'agriculture française a redécouvert l'œuvre de l'un des siens. Ses travaux sont aujourd'hui considérés comme ayant fortement contribué à l'établissement des principes de la permaculture, de l'agro-écologie, de la gestion holistique ou encore au mouvement 'retour à l'herbe'. »

Nation, Savory, Salatin, des noms connus des éleveurs dits régénératifs et de ces cultivateurs s'appuyant sur le carbone dans leurs sols, *carbon farmers*. Parmi les pratiques nouvelles la 'gestion holistique des pâturages' ou 'le pâturage adaptatif multi-enclos' (85) est certainement le plus spectaculaire <u>(voir Boeuf carboneutre, La semaine verte, Radio-Canada, 28 novembre 2020)</u> On réfère également à l'élevage régénératif, *regenerative ranching*. (31) Le pâturage adaptatif à enclos multiples se fonde sur les écrits d'André Voisin. Mais ses idées ont connues une seconde vie lorsque le biologiste Zimbabwéen Allan Savory en fit la lecture dans les années quatre-vingt. Elles ont connu depuis une large diffusion par l'entremise d'une conférence TED de Savory vue plus de cinq millions de fois sur YouTube. Éleveur-biologiste Allan Savory avait observé sur le terrain ce qu'il lisait chez Voisin: les sols occupés par de grandes populations d'animaux sont en santé, le surpâturage est associé à la disparition de prédateurs provoquant l'immobilité des animaux. Savory y va de cette déclaration percutante « ce ne sont pas les sécheresses qui causent les sols mis à nu, mais les sols mis à nu qui causent les sécheresses », et il ajoute, « la désertification est une invention humaine ».

Sa solution à la crise climatique et à la crise alimentaire est, de son propre aveu, « contre-intuitive », « inimaginable ». Elle valorise et fait la promotion de la pratique la plus vilipendée du mouvement pour l'environnement, l'élevage, accusé de polluer, de contribuer fortement au réchauffement climatique, et, de créer des déserts par surpâturage. « Vrai » pour l'élevage industriel dit Savory. Mais faux pour l'élevage à l'herbe fondé sur la science, sur « la dynamique des herbages » observée sur tous les continents par Allan Savory. L'élevage avec de grands troupeaux déplacés rapidement selon des plans d'adaptation, appelé gestion holistique des pâturages par Savory — également un promoteur du concept le microbiologiste Dr. Walter Jehne

(*Healthy Soils Australia, Regenerate Earth*) ajoute que les prairies captent largement le méthane produit par les herbivores ce qui n'est pas le cas des CAFOs, ces lieux d'engraissement du bétail confiné. (41)

Pour Allan Savory c'est à tord que les ruminants sont accusés d'être la cause de la désertification des plaines et des savanes par surpâturage. Au contraire c'est la disparition des grands troupeaux et de leurs prédateurs qui a lancé la désertification dit-il. L'oxydation des herbages non consommés/non ruminés par les animaux et la libération du carbone stocké dans des sols manquants de nutriments déclenchent la désertification. Scientifiquement les sols auraient co-évolué avec les grands troupeaux durant des millions d'années. Ainsi les animaux ont joué un rôle central dans la création du climat de l'Holocène. Ce sont les troupeaux qui auraient ramené les particules par million dans l'atmosphère à 280, une thèse défendue par le paléo-

botaniste Dr. Gregory Retallack. (70,71 <u>vidéo 2014</u>)

Pragmatique Allan Savory demande: comment les animaux

peuvent-ils être la cause de la désertification si la Terre était

autrefois dominée par de grands troupeaux? Il donne l'exemple

des bisons en Amérique du Nord ou du Parc Serengeti encore

aujourd'hui — avec les reines des Sami et les grands troupeaux

de caribous d'Amérique du Nord, Serengeti est la dernière

survivance de la méga-faune autrefois commune sur Terre.

Légendaire le passage des bisons pouvait durer des jours dans les grandes plaines américaines.[4] Or les sols des plaines étaient chargés en carbone. Des herbages généreux poussaient sur des humus parfois profonds de plusieurs mètres. C'était avant la disparition des bisons, avant que les pratiques agricoles du siècle dernier appauvrissent les sols, combinant, ou plutôt recombinant, le carbone et l'oxygène (CO_2) vers l'atmosphère.

C'est dans l'erreur que les scientifiques et les militants ont accusé le surpâturage d'être la cause de la désertification et

---

[4] Le 27 septembre 2019 Montréal a connu un grande marche pour l'environnement. Elle a réuni 500 000 personnes sur 4 kilomètres. Sans faire d'anthropomorphisme, imaginons des bisons énormes, courant et en pâturage, puis multiplions cette image cent fois à travers toutes les grandes plaines américaines — il est estimé que la population des bisons à l'époque se situait entre 30 et 90 millions. Cette image permet de comprendre pourquoi les scientifiques affirment que les troupeaux de ruminants étaient une force géologique forgeant le paysage. (104)

participèrent à l'élimination d'animaux. Savory lui-même recommanda l'abattage d'éléphants pour ralentir, pensait-il avec ses collègues, la désertification. Une décision qu'il regrette vivement aujourd'hui. Savory écrit: « Une erreur fondamentale commune aux discussions sur le surpâturage est de parler du surpâturage des terres. Mais les animaux ne peuvent que pâturer ou sur-pâturer des plantes. Lorsque nous référons au surpâturage des terres, nous écartons le fait que les plantes peuvent être sur-pâturées, alors que la terre, ou les sols, sont trop longtemps au repos. Cette compréhension constitua un moment eureka majeur pour moi en 1980, après que j'eue découvert un allier dans André Voisin. Voisin était un scientifique Français étudiant la physiologie des plantes en Europe dans les environnements humides des pâturages européens. Il avait découvert que le surpâturage des plantes n'entretient aucune relation avec le nombre d'animaux sur la terre. Le surpâturage se produit lorsque les plantes sont exposées au pâturage animal trop longtemps ou ré-exposé à un animal en pâturage trop rapidement — indépendamment du nombre d'animaux. Le surpâturage était fonction du temps de recouvrement des plantes et non du nombre d'animaux. Lentement une image trouble devenait plus claire. Les terres les plus saines que j'avais vues étaient toujours associées avec de grands troupeaux — des milliers de buffles, d'éléphants et d'autres ruminants — accompagnés par des groupes de lions, de chiens sauvages et d'hyènes qui gardaient concentrés ces animaux et les obligeaient à laisser derrière eux leur propre fumier et leur propre urine. C'est ce mouvement qui minimisait le surpâturage des plantes. » (76)

Dans la perspective de Savory seul le rétablissement de troupeaux à grande échelle sur la Terre peut résoudre la crise climatique. Seul un élevage planifié et imitant la nature dans les

plaines et les savanes peut atteindre ce but. « L'impensable »,
une idée contraire à ce que de nombreux militants verts
préconisent, manger moins de viande. L'Institut Savory fait
aujourd'hui la promotion de cette technique pro-élevage pour la
santé des sols et l'inversion du réchauffement climatique par
réactivation des chaines trophiques. Les troupeaux des éleveurs
et ranchers deviennent un substitut aux grands troupeaux du
passé. Cette gestion génère des herbages abondants et la
séquestration de carbone par des troupeaux en déplacement. Une
technique qu'Allan Savory présente comme « un outil puissant
pour la restauration climatique ».

Appliquée à une grande échelle la gestion holistique des
pâturages peut permettre la séquestration de gigatonne de
carbone, mais aussi, redonner la fertilité et la santé aux sols tout
en nourrissant adéquatement l'humanité. Des pratiques

d'élevage bien loin de l'élevage industriel nourrissant les animaux avec des céréales dans des espaces confinés limitant le mouvement des bêtes.

La découverte de Voisin et son application sur des millions d'hectares par le réseau de l'Institut Savory a créé un schisme à l'intérieur du movement environnemental. Nous verrons plus loin concernant les compensations carbone qu'il n'est pas le seul. Là où certains sont convaincus qu'une alimentation végétarienne est nécessaire, Savory défend « l'inimaginable », l'élevage. Un journaliste très en vue du journal britannique *The Guardian*, George Monbiot, est au centre de cette dispute. (37, *answer to Monbiot*)

Les chaines trophiques et la co-évolution des troupeaux animaliers nourriciers des sols expliqueraient les climats. Ces mécanismes doivent être compris et réactivés. De grands

troupeaux animaliers, en outre composés de bovins, doivent

devenir des substituts aux grands troupeaux sauvages disparus.

Le titre d'un livre de Judith Schwartz résume le projet: *Cows

Save the Planet.* (79) Malgré la difficulté de financer la

recherche allant à l'encontre des intérêts du complexe agro-

industriel dominant, la séquestration de carbone dans les sols par

les troupeaux est aujourd'hui confirmée par la littérature

scientifique. (86 pour un répertoire)

L'agriculture sans labour, le semis direct et les plantes de couverture

L'agriculture sans labours avec plantes de couverture, parfois dénommée semis direct sous couvert végétal, est associée à l'agriculture de conservation ou à l'agro-écologie en Europe. Cette pratique réfère à une perturbation minimale des sols accompagnée d'apports en 'engrais verts'. Ici ce ne sont pas des animaux nourris à l'herbe/l'élevage de régénération qui alimentent les sols après digestion de plantes. Ou la biomasse des arbres tombant dans la forêt. Des plantes nourricières, des 'cultures de couverture', sont plantées, habituellement l'automne, et la perturbation des sols est gardée au minimum grâce au semis direct — la biomasse produite est mangée ou piétinée par les animaux, ou roulée mécaniquement. Les cultures de couverture sont plantées dans le but d'élever le taux de carbone des sols, sa matière organique, dans le but d'activer leur vie microbienne, leur biologie. Les plantes de couverture ne sont habituellement pas des cultures apportant un revenu mais elles peuvent amener l'agriculteur à 'empiler les entreprises' (*stacking enterprises*) — par exemple lorsque des animaux sont intégrés pour manger et piétiner les plantes de couverture, de la viande peut être produite. Ces plantes offrent également une protection des sols, elles servent 'd'armure aux sols'. Plus commune que la gestion holistique des pâturages d'Allan Savory, la pratique domine en Argentine où elle est en usage sur 90% des terres, et au Brésil où elle est pratiquée par 50% des fermiers — les régions aux sols fragiles et ensoleillées furent les premières à adopter le sans labour avec plantes de couverture. La pratique réduit l'impact des pluies tropicales violentes et du soleil sur des sols mis à nu par un labour intense, une pratique courante en agriculture industrielle. Grace au sans labour couplé aux plantes de couverture, la matière organique des sols tend à augmenter réduisant les besoins en engrais et améliorant l'infiltration de l'eau et sa rétention.

La pratique prend également de l'ampleur dans les prairies du mid-ouest américain. En Amérique du Nord la disparition des grands troupeaux sauvages nourriciers des sols en plaines, combiné à un labour intense, ont réuni les conditions pour provoquer des tempêtes de sable durant les années vingt, le *dust bowl*. Ces tempêtes sont à l'origine d'une migration vers l'ouest avec des conséquences sociales racontées par John Steibeck dans un roman primé Pulitzer en 1940, *Les raisins de la colère*. Si le livre est un point marquant de l'histoire américaine, il est aussi un repère pour l'histoire de l'écologie. En réaction le *Soil Conservation Service* fut créé en 1935. Renommé le *National Resources Conservation Service* (NRCS) en 1994, il demeure la 'branche pour la conservation' du Département de l'agriculture des États-Unis.

Ces mesures visant la protection des sols sont réapparues par l'entremise d'une série de cinquante vidéos sur internet, *Unlock the Secrets in the Soils,* produites par Dr. Ray Archuleta du NRCS. Archuleta qualifie son propre parcours de « repentance de l'agriculture conventionnelle ». Les vidéos proposent une approche holistique, l'agriculture comme un écosystème. L'agriculture promue par le Département de l'Agriculture américaine, très mécanisée et avec un fort usage de produits chimiques, est lourdement critiquée. NRCS propose une rupture radicale avec les actions des dernières décennies, très en contradiction avec la loi sur l'agriculture — un positionnement schizophrénique considérant que le NRCS est une partie du département qu'il critique.

En Amérique du Nord, le sans labour a son héros, Gabe Brown.

<u>Star d'une audition au Congrès des États-Unis le 27 février 2021</u>,

Brown est à la tête du « Ranch Brown, spécialisé en agriculture

de régénération » situé dans le Dakota du Nord. Devenu

pionnier — bien malgré lui — de l'idée de gérer une ferme

comme un écosystème, Brown est l'auteur d'un livre que nous

jugeons historique *Dirt to Soil, One Family's Journey into

Regenerative Agriculture* (8). Hautement respectée l'écologiste

australienne Dr. Christine Jones commenta ainsi: « Restaurer la

productivité des terres agricoles est un des plus urgents

impératifs de notre temps. Dans ce livre-phare, Gabe Brown

explique, pas à pas, comment les fermiers et les éleveurs

peuvent transformer des sols sans vie en sols de surface en santé

offrant un modèle aussi profond qu'élégant pour inverser la

dégradation des sols sur la planète. » Comme nous le

mentionnions précédemment, la reconnaissance par des professionnels de la science des sols d'une « science acquise sur le terrain » par les expériences et les observations de fermiers, est un élément de cette agriculture et du mouvement pour un élevage de régénération. Pratique autant qu'intellectuel, le mouvement est trans-professionnel, trans-disciplinaire, inter-sectoriel. En émerge la vie comme force géologique pour guérir la Terre.

Gabe Brown l'homme de la ville devenu fermier en faisant l'acquisition de la terre des ses beaux-parents, explique comment il a littéralement été forcé d'adopter des méthodes nourricières des sols suite à une série d'évènements climatiques catastrophiques, et du fait de son manque criant de ressources financières. Non pour donner des leçons au monde entier, mais pour survivre. Le sans labour avec plantes de couverture était la seule approche que Brown pouvait se permettre. Ce fut le premier pas. Par la suite <u>il augmenta le niveau de matière organique dans ses sols par étapes:</u> introduction du sans labour avec 1.7% de matière organique en 1993; diversification des cultures en 1995, 2% de matière organique; intégration des plantes de couverture en 1997, 3.1% de matière organique; diversification des plantes de couverture permettant des périodes de culture plus longues en 2006, 4,2% de matière organique; diversification des plantes de couverture et intégration des bovins en 2010, 6.1% de matière organique; prenant appui sur les principes élaborés par Allan Savory, plus grande densité d'animaux et de nutriments en 2011, 11.1% de matière organique. Confirmés par la science (50, blog avec Washington State University), la précision, dans le détail et sur de grandes surfaces de ces chiffres, est débattue sur les réseaux sociaux spécialisés. Brown s'amuse de ces disputes d'experts et déclare défiant: « Je préfère pour ma part encaisser des chèques que de les émettre, signer l'arrière que le devant ». Un language que les fermiers comprennent.

Aujourd'hui les 5000 acres du Ranch Brown donnent des profits satisfaisants et Brown dit qu'il travaille moins. Gabe Brown passe la moitié de l'année sur la route à parler fièrement de son « écosystème agricole ». Il invite les fermiers à s'inspirer de son parcours, Gabe le fermier né en ville, et, « à congédier leurs agronomes pieds et mains liés avec l'agro-business ». Notons que Brown doit une partie de ses succès à une scientifique, Dr Jill Clapperton, fondatrice de *Rhizoterra Inc - Healthy soils for a healthy world.* Clapperton fut sa conseillère.

Conférencier vedette avec un discours jovial et le bon sens du terroir, Brown fait trembler les piliers des temples de l'agro-industrie. Certes bien documenté, Brown est avant tout

menaçant pour l'establishment agricole par ses propres

expériences de terrain, en outre comme consultant sur des

centaines de fermes. <u>Son témoignage très remarqué au Congrès

américain</u> le 25 février 2021, alimente une vague réformatrice en

agriculture. Jamais labellisé bio, les résultats agricoles et

financiers de Brown sont son mégaphone.

Avec Dr. Ray Archuleta et Dr. Allen Williams, ils ont lancé un

série de cours sur les pratiques régénératrices, des pratiques que

les fermiers, profitant des expériences passées peuvent

aujourd'hui appliquer rapidement. *Understanding Ag. -

Restoring Soils, Profits, Farms and Futures,* est complété par

Shane New, un fermier formé par Dr. Elaine Ingham, une

scientifique connue pour son approche « vie des sols ». Brown

est par ailleurs à l'origine de *Farmers Footprint* avec Dr. Zack

Bush, un récipiendaire du prix des Pionniers 2018 de l'Institut
Rodale.

Rodale a créé le label bio en Amérique du Nord et est bien
connu pour son militantisme. Médecin-militant et conférencier,
Bush est co-fondateur de M Clinic dans une région désavantagée
de Virginie. Médecin avec une triple spécialisation, il a été
pendant vingt ans chercheur en chimiothérapie contre le cancer.
Zach Bush pense que l'augmentation croissante des maladies
chroniques est attribuable à l'empoissonnement des sols. Les
'sols vivants' rendus malades par les pratiques agricoles comme
le labour intensif, leur manque de protection (couverture) et de
biodiversité, l'usage de produits phytosanitaires et de fertilisants
chimiques. Bush s'attaque tout particulièrement aux herbicides à
base de glyphosate dont les applications ont explosé en
Amérique du Nord depuis l'introduction de cultures

génétiquement modifiées — des plantes *round-up ready*
résistantes aux herbicides. Ce débat vif se poursuit. (51)

Fermiers aux pratiques régénératrices, médecine préventive et
santé fondée sur la nature, des microbiologistes et des
spécialistes de mauvais herbes: une alliance de professionnels
hautement qualifiés et critiques de l'agriculture dominante se
met en place. Une véritable dissidence prend racine et un
changement de paradigme parait impossible à repousser. Cette
alliance donne un caractère médical et holistique à ce
mouvement que nous appelons biogéothérapie. Il est fortement
construit autour d'une agriculture régénératrice/guérisseuse et
l'élevage régénérateur. *Farmers Footprint* appelle ses membres
à « contacter vos représentants gouvernementaux et les inviter à
apprendre sur l'importance d'améliorer la santé des sols avec
l'agriculture de régénération ». Plutôt soudainement ces idées

progressent dans les législations: selon l'ONG soil4climate, autour de trente États américains ont adopté ou débattent de lois favorables à l'agriculture et à l'élevage de régénération.

Lors d'une interview en 1989, Robert Rodale disait que agriculture durable est une expression utilisée par Abraham Lincoln en 1859, et par Lady Evelyne Balfour au vingtième siècle — formée en agriculture Balfour créa la première étude comparative entre l'agriculture biologique et l'agriculture conventionnelle en 1939, *Haughley Experiment* en Angleterre. Durant l'interview Rodale exprima son insatisfaction avec 'durable' appliquée à l'agriculture. Il affirma lui préférer "agriculture de régénération". Il a été entendu. L'agriculture de régénération a depuis 2018 son label, *Regenerative Organic Certified*, une certification pour les pratiques de régénération et biologiques, lancée par l'Institut Rodale lui-même. Porté par une

alliance l'initiative reçoit le soutien financier de Patagonia Inc.,
l'entreprise de vêtements très engagée pour la protection de
l'environnement — Patagonia a créé sa propre branche
alimentaire régénératrice Patagonia Provisions. Le 15 septembre
2022 Patagonia a annoncé que tous ses profits iraient désormais
à protéger la Terre, « notre seul actionnaire ».

Soudainement de grandes chaines alimentaires comme Danone
deviennent des soutiens à l'agriculture sans labour et locale.
McDonald et A&W tourne le dos aux opérations centralisées
pour engraisser les animaux. Ils se vantent d'adopter des
fournisseurs de viande nourrissant leurs animaux à l'herbe —
après avoir éliminé les hormones pour A&W. Ils réfèrent au
climat dans leurs communications, l'usage de produits
phytosanitaires et d'engrais chimiques sont fortement remis en

question. De toute évidence les piliers du temple agro-industriel

perdent de leur solidité — de mois en mois. (87)

Biochar: le feu pour refroidir la Terre

Inspiré d'une pratique autochtone en Amazonie, la *terra prêta di Indio* (terres noires des Indiens en portugais), le biochar est le troisième acteur majeur des initiatives de régénération. Certains présentent le biochar comme « le premier héritage pré-colombien des Amériques ». Sa découverte offre une histoire nouvelle, très différente, de l'Amazonie (102). Contraction de biomasse et charbon de bois, le biochar est une cuisson de biomasse avec un minimum d'oxygène autrefois pratiquée par les habitants du basin amazonien pour transformer la biomasse en charbon de bois. Son intégration avec d'autres résidus organiques ont rendu fertiles des sols amazoniens tropicaux pauvres sur de grandes surfaces le long des rivières. Certains des sols parmi les plus pauvres sont devenus parmi les plus fertiles. C'était avant le terrible choc bactériologique qui tua et décima ces populations pendant le seizième siècle. Les Amazoniens

furent donc parmi les premiers humains à savoir transformer des

sols infertiles (les oxisols amazoniens) en des sols fertiles

convenant à l'agriculture. C'est une technique que nous

redécouvrons aujourd'hui merci au travail de scientifiques

comme l'archéologue spécialiste des paysages Clark Erikson en

Amazonie, en particulier dans les plaines du Moxo (Beni

Savanna) à l'Est de la Bolivie. (20)

Selon l'International Biochar Initiative, « le biochar est un

matériau solide obtenu par carbonisation thermochimique, une

conversion de la biomasse dans un environnement limité en

oxygène. En des termes plus techniques le biochar est produit

par décomposition thermique de matériaux organiques (de la

biomasse comme du bois, du fumier ou des feuilles) sous une

alimentation en oxygène (O_2) limitée, et à une température relativement basse (<700°C). Ce procédé reproduit la production de charbon de bois, peut-être la toute première technologie industrielle développée par l'humanité. Le biochar se distingue du charbon de bois utilisé comme énergie, par son usage premier comme amendement des sols avec l'intention d'améliorer ses fonctions. Le biochar vise aussi à réduire les émissions de biomasse produites par leur décomposition naturelle en gas à effet de serre. »

Pour Thomas Goreau, grâce à la production en masse et à l'usage de biochar l'humanité peut « réduire l'expiration de la Terre » en donnant, après pyrolyse, de nouvelles qualités à la biomasse — de nombreux chapitres de *Geotherapy* portent sur le biochar. (30) Le biochar capture et stocke le carbone après pyrolyse (abréviation PyCCS). Transformé de cette façon le carbone labile devient 'récalcitrant à la décomposition', très stable, pour des décennies, des siècles ou des millénaires.

Ajoutée à ses qualités d'absorption et de rétention, ils font du

biochar un candidat idéal pour lutter contre le réchauffement de

la Terre. Chaque tonne de biochar emmagasine environ deux

tonnes et demi à trois tonnes de dioxyde de carbone — incluant

la déduction d'émissions pour sa production et le transport du

biochar, le ratio de carbone, etc. (78) Certains co-bénéfices sont

encore excluent du calcul, comme la réduction des émissions de

gaz méthane.

De plus en plus d'usages prometteurs du biochar sont trouvés en

dehors de l'activation biologique des sols. En élevage il est

donné comme supplément alimentaire dans la nourriture

animale, 1% par volume pour réduire les problèmes gastriques

dont souffrent les animaux — une pratique autorisée en Europe

et en Californie à ce jour. Le biochar peut également être utilisé pour la dépollution de substances organiques ou non-organiques dans l'eau et dans les sols. Il peut être utilisé pour le contrôle des odeurs, en particulier mélangé à l'urine ou au fumier. Certains chercheurs croient que le biochar pourrait servir de substitut au sable marin dans le béton — l'extraction de sable marin (du 'sable agrippant' par contraste au sable rond des déserts), pour lequel il existe une pénurie dans le monde, cause la destruction d'écosystèmes marins. <u>Le biochar peut être utilisé dans l'asphalte</u> ou le plastique. Des chercheurs le considèrent même pour le storage d'électricité dans des batteries, ou pour fabriquer des super-condensateurs. (1)

Dans deux rapports spéciaux dont le mondialement très discuté Rapport spécial 1.5°C, le GIEC a reconnu le biochar parmi les méthodes pour capturer et storer le carbone en excès dans l'atmosphère et les océans. (39, 40) Le biochar y est présenté comme une technologie à émissions négatives, une solution à la crise climatique fondée sur la nature. Dans le language des Nations unies, les évidences pour le biochar sont considérées comme robustes, et le niveau d'accord élevé. Le GIEC souligne l'absence de barrières à son adoption. D'autres institutions ont adopté la même position: en 2019 l'Académie nationale des sciences des États-Unis dans *Negative Emissions Technologies and Reliable Sequestration: A Research Agenda* (61); Carnegie pour la gouvernance climatique dans *Governing Nature-Based Solutions to Carbon Dioxide Removal* (11), l'ONG Carbon 180 lors d'auditions au Congrès américain. En Europe OXFAM en Suède est arrivé aux mêmes conclusions dans *Removing Carbon Now* (64), et, la Société royale et l'Académie royale des ingénieurs en Grande-Bretagne dans *Greenhouse Gas Removal* (73) Tous évaluent le biochar comme prometteur s'il est produit avec précaution (l'utilisation de forêts vierges est à éviter, en respectant les normes d'émissions, etc).

En 2019 le monde du biochar a connu un point marquant avec la publication de *Burn: Using Fire to Cool the Earth* par Albert Bates et Kathleen Draper. Le livre résume des publications académiques et techniques sur ses usages potentiels. Dans un passage Bates et Draper écrivent: « La civilisation destructrice des derniers siècles s'appuyait sur le pillage et profitait du carbone pré-historique. La nouvelle économie sera centrée sur le carbone elle aussi, mais en recyclage continuel — dans une spirale vertueuse d'améliorations. Alors que la planète vacille au bord du précipice climatique et que l'économie planétaire avance à plein régime dans le brouillard des carburants fossiles, nombreux sont ceux qui ne voient aucune solution viable aux désastres liés entre eux. Les quelques-uns parmi nous ayant évoqué la possibilité d'une nouvelle économie du carbone

semblent naifs. Mais nous ne sommes ni dans la lune ni dans de

la science fiction. Nous sommes devant des re-conceptions

économiques viables de notre modèle industriel planétaire. » (2)

À coté de la reconnaissance par des institutions majeures, le

premier journal scientifique exclusivement dévolu au biochar est

né en 2016. *Biochar* est publié en anglais chez Springer à

l'Université Agricole de Shenyang en Chine. Dans son texte

inaugural son éditeur Dr. Wen-Fu Chen du Centre de recherche

en ingénierie et en technologie sur le biochar donne son

contexte: « Le développement durable est le thème commun et

éternel de la société humaine. Avec le développement rapide de

l'industrie moderne, de l'agriculture et des services, l'ancien

équilibre du carbone est rompu. Le carbone emmagasiné sous

terre, représenté par l'énergie fossile et des substances

organiques, a été libéré en de grandes quantités. Il en résulte une série de problèmes écologiques et environnementaux comme la présence accrue de gas à effet de serre, la dégradation des sols, le déclin de la qualité des terres cultivées. Tous ces secteurs contribuent aux changements climatiques avec des impacts sur une sécurité alimentaire déjà fragile, sur les ressources énergétiques et la sécurité environnementale et écologique. » (12)

Durant sa longue histoire la Chine a connu des famines ce qui peut expliquer son fort intérêt pour le biochar, d'autant que la disponibilité des engrais, organiques ou inorganiques, n'est pas garantie pour une population de plus de 1.4 milliard. Selon Albert Bates dans une autre publication, le pays a déjà soixante usines transformant les écorces de riz en biochar dans le pays. (3) Valorisant 'un déchet', la production de biochar réduit aussi la fumée issue d'une tradition consistant à bruler les écorces de riz dans les rizières, une source de pollution importante en Chine.

L'auteur de ce livre est lui-même impliqué dans la production de biochar. Il croit en une production de masse à travers la forêt boréale au Canada en faisant usage des réseaux de routes forestières et des infrastructures existantes. Au Canada le biochar pourrait devenir une industrie de la taille du secteur de la foresterie actuelle, remplacer les pâtes et papier. En plus d'être un nouveau matériau, le biochar constitue une meilleure gestion des déchets organiques. Il s'agit là d'un co-bénéfice, parmi d'autres.

Planter un billion d'arbres: lorsque la biogéothérapie nécessite de la nuance

Le laboratoire Crowther de l'École polytechnique fédérale de Zurich (ETHZ) s'est retrouvé dans les médias du monde entier en juillet 2019 lorsqu'il a annoncé que la plantation de mille milliards d'arbres (un billion d'arbres, en anglais *one trillion*) pourrait ramener l'atmosphère à 280 particules par millions. En carbone, c'est 200 GtC dans la biomasse et 100 GtC sous-terre. En dioxyde de carbone c'est une terratonne, 1000 GtCO$_2$.[5] Du dioxyde de carbone séquestré/retiré de l'atmosphère, près de 8 GtCO$_2$ pour chaque ppm produit par l'homme et s'étant ajouté à l'atmosphère terrestre. Or Thomas Crowther et son équipe furent critiqués avec virulence pour avoir sous-estimé la difficulté, en

---

[5] La conversion de carbone (C) en dioxyde de carbone (CO$_2$) se fait en multipliant par 3.67.

outre la difficulté de trouver des terres appropriées pour planter

ces arbres. (46, 96) Plusieurs ont aussi souligné que les feux

peuvent annihiler ces puits de carbone en quelques jours.

Lorsque la plantation d'un billion d'arbres obtint le soutien

surprise du président des États-Unis d'alors Donald Trump au

Forum économique mondial de Davos en 2020, plusieurs se sont

demandés s'il ne s'agissait pas d'une manoeuvre. Une

manoeuvre visant à éviter des changements économiques

nécessaires, la réduction de l'usage des carburant fossiles ou la

diminution de la déforestation par exemple.

Parmi la recherche croissante de solutions à la crise climatique

fondées sur la nature, les 'réductions d'émissions liées à la

déforestation et la dégradation des forêts' (REDDs) et la

plantation d'arbres, étaient jusque-là les projets préférés pour

l'obtention de crédits carbone. (57) L'afforestation et la

reforestation furent la toute première 'technologie' à émissions négatives acceptée par le GIEC. Mais plusieurs soulignent la faiblesse du reboisement à garantir une séquestration à long terme, et, la quasi-impossibilité de réellement prouver la déforestation évitées grâce aux REDDs. (46)

Mille milliards d'arbres. L'idée fut d'abord promue par la lauréate du Nobel de la paix de 2004, Wangari Maathai. Le mouvement pour une ceinture verte de Maathai entreprit de planter des arbres en 1977. Après avoir planté 30 millions d'arbres, Maathai exprima son souhait au Programme des Nations unies pour l'environnement (PNUE) de planter un billion d'arbres en réponse au réchauffement climatique et à d'autres enjeux, de l'approvisionnement en eau à la protection de la biodiversité.

Depuis 13.6 milliards d'arbres ont été plantés dans 193 pays; loin des 1000 milliards. Combinant le reboisement et les REDDs certaines ONGs parlent maintenant de « planter et protéger » un billion d'arbres — comme si planter autant d'arbres apparait maintenant dans sa complexité relative. Parmi ces difficultés, les prairies et savanes ont co-évoluées avec de grands troupeaux d'animaux et la méga-faune. Pas tellement avec des arbres. Planter autant d'arbres dans ces régions constitue un 'changement d'usage' avec des effets difficiles à prévoir.

En janvier 2020 Akshat Rathi écrit dans Bloomberg Green: « Soyez prudent avec les solutions magiques. Comme pour beaucoup de choses apprises à l'école, la vérité est plus complexe. » (69) Planter des arbres à l'échelle que plusieurs annoncent est un défi et pourrait avoir des conséquences inattendues prévient Nathalie Seddon, professeure de biodiversité à l'Université d'Oxford et directrice de l'Initiative pour les solutions fondées sur la nature. En premier lieu la majorité des programmes de reboisement sélectionnent uniquement une ou deux espèces à planter. Ces forêts de monoculture peuvent séquestrer rapidement le carbone, mais des systèmes d'arbres moins divers attirent une palette moins importante d'animaux et sont moins résiliants aux changements à venir. Dans un monde aux évènements climatiques extrêmes plus fréquents, les risques de destruction des forêts, du fait des sécheresses, des inondations, des feux et des infestations, sont augmentés. Ce qui libérerait bien entendu le carbone séquestré. Par ailleurs les arbres plantés compte. Planter un billion d'arbres pourrait nécessiter un milliard d'hectares de terre — approximativement la Chine, le troisième pays en superficie.

Et, il y a d'autres problèmes. Parfois le fait de planter des arbres aux mauvais endroits peut avoir un effet de réchauffement.

« L'effet albedo » des forêts en latitudes nordiques est particulièrement relevé. (69) Une étude en 2007 a trouvé que la déforestation dans les régions boréales d'Amérique du Nord peuvent en fait refroidir la planète — les forêts foncées retiennent davantage la chaleur du soleil que les terres ouvertes plus pâles reflétant les rayons.

« 4 pour 1000 », la biogéothérapie diplomatique

Le « 4 pour 1000 », une initiative française, est un peu le bras diplomatique des solutions fondées sur la nature, pour une biogéothérapie. Plus de trente gouvernements, une centaine d'ONGs et d'entreprises, sont maintenant membres. Formé en agriculture, issu du monde agricole et politicien influent, l'initiative fut portée par un homme, Stéphane Le Föll.

Membre du Parlement européen et rapporteur du Comité sur l'agriculture et le développement durable, en mars 2010 Stéphane Le Föll et son équipe publièrent un rapport sur l'agriculture dans l'Union européenne et les changements climatiques (2009/2157(INI)). On peut y lire: « …les activités agricoles et forestières dans l'Union européenne peuvent contribuer à la réalisation des objectifs d'atténuation du changement climatique fixés par l'Union, en apportant des

solutions et une aide à la réduction des émissions de GES, et en

encourageant le stockage du carbone dans les sols (…)

l'agriculture et la foresterie sont les principaux secteurs capables

de capturer le CO_2 produit par les activités humaines, de

l'accumuler et de le stocker dans les sols en agissant comme des

puits, et de le fixer dans les plantes par photosynthèse; ce qui

signifie que ces secteurs ont un potentiel considérable pour

apporter une contribution aux efforts de mitigation des

réchauffements climatiques (…) nous demandons en particulier

que la future PAC encourage, par des actions d'information et de

formation et par des mesures incitatives, des pratiques

contribuant à améliorer l'efficacité et le potentiel d'atténuation

des émissions de GES de l'agriculture ainsi que la séquestration

de carbone. »

Devenu ministre de l'Agriculture, de l'Alimentation et des

Forêts en France sous le gouvernement socialiste de François

Hollande, Le Föll va déployer et promouvoir les conclusions du

rapport. En juin 2014 le Groupe d'intérêts scientifique sur les

sols publie une brochure de 28 pages sur l'agriculture à base de

carbone. On y détecte une volonté d'influencer la COP 21 à

venir. Le 16 mars 2015 le ministre annonce l'Initiative de

recherche et le project d'action 4 pour 1000 à Montpelier alors

que la ville reçoit la Conférence pour une agriculture intelligente

face au climat. Le 28 avril 2015, Le Föll et l'Ambassadrice

spéciale à la COP 21 Laurence Tubiana organisent une

conférence de presse commune sur le 4 pour 1000.

L'initiative vise à stabiliser le climat en retirant de l'atmosphère

4 grammes de carbone pour 1000 chaque année et en moyenne,

et à les mettre dans toutes les terres agricoles et forestières de la planète. « Cette augmentation annuelle de 0.4% du stock de carbone dans les sols ou 4‰ par année dans les 30 à 40 premiers centimètres des sols, est équivalente aux émissions de CO_2 des activités humaines. Ce niveau n'est pas un objectif normatif pour chaque pays, mais veut illustrer qu'une augmentation, même petite, du stock de carbone dans les sols agricoles et forestiers (y compris dans les prairies et les terres en pâturage), est un levier pour améliorer la fertilité des sols agricoles et forestiers. L'initiative permet de participer à un objectif à long terme visant à limiter l'augmentation des températures à + 2°C, au delà duquel les conséquences induites par les changements climatiques seraient considérables selon le GIEC. Le 4 pour 1000 se veut complémentaire aux efforts essentiels pour réduire les gas à effet de serre dans toute l'économie. Sur une base volontaire, c'est à chaque membre de définir la façon qu'il contribue aux objectifs. »

L'initiative généra de l'enthousiasme de scientifiques. Parmi eux aux États-Unis celle du Dr. Rattan Lal. Lal est mondialement renommé pour l'amélioration des sols en Afrique par la promotion de techniques simples comme les paillis. Il est devenu depuis un scientifique très influent. Le 27 juin 2015, professeur Lal reçoit Stéphane Le Föll et sa délégation. Durant la visite, le ministre fit un discours « Recherche pour la séquestration du carbone dans les sols, une priorité pour la France » sur le campus de l'Université d'État de l'Ohio où Lal dirige le Centre pour la séquestration et la gestion du carbone. Avec Rattan Lal il visita également David Brandt. Sur sa ferme de 1200 acres dans le Comté de Fairfield, David Brandt pratique le sans labour depuis 1971 et fait usage de plantes de couverture pour améliorer ses sols et la qualité de son eau. Le Föll se rendit ensuite aux Nations unies à New York pour y introduire le concept en prévision de la COP 21.

En septembre Le Föll invita Brandt à présenter son travail durant une réunion préparatoire à la COP 21 à l'OCDE à Bruxelles. Sa présentation de vingt minutes laissa l'audience sans voix… Fermier prospère avec des sols en santé, il ne fait usage d'aucun produit chimique et ne labour jamais. Le témoignage d'un fermier octogénaire américain semble annoncer la fin de l'agriculture conventionnelle… Certainement informé de « l'effet Brandt » — du désarroi des lobbyistes de l'agro-industrie dans la salle — Le Föll apparu tout sourire après la présentation. Le premier décembre 2015, le 4 pour 1000 est signé à Paris, la première journée de la COP 21 (photo avec Le Föll au centre, David Brandt à gauche et Dr. Rattan Lal à droite durant la visite du ministre sur la ferme de Brandt).

Le 6 janvier 2017 l'Union internationale pour la science des sols (IUSS) et en France l'Institut national de la recherche agronomique (INRA) organisèrent un séminaire sur le programme du 4 pour 1000. Durant ce colloque scientifique, Rattan Lal, maintenant président de l'Union, présenta à Stéphane Le Föll la médaille de l'IUSS pour avoir mis à l'agenda international la séquestration du carbone par les sols. Pour Lal il s'agit là d'une contribution majeure à la sécurité alimentaire et au défi climatique. Le Föll n'est que le deuxième non scientifique à recevoir le prix. <u>Son discours montre</u> que le ministre maîtrise bien son sujet.

En 2020 ce fut au tour de Rattan Lal de recevoir le World Food Prize, la reconnaissance mondiale la plus prestigieuse attribuée à quelqu'un dont les efforts ouvrent la voix au développement humain grâce à l'amélioration de la qualité et la quantité de produits alimentaires disponibles dans le monde. Le prix est attribué à Lal « pour avoir développé et popularisé une approche centrale sur les sols visant à augmenter la production alimentaire restauratrice conservant les ressources naturelles tout en atténuant les changements climatiques. »

Le 4 pour 1000 offre une réponse à diverses questions internationales: la sécurité alimentaire, l'extraction et la séquestration nécessaire du dioxyde de carbone, l'arrêt et l'inversion de la désertification, la protection et le renforcement de la biodiversité, l'infiltration de l'eau pour éviter les inondations et sa rétention pour mieux faire face aux sécheresses, la gestion et la mise en valeur de déchets organiques. Les co-bénéfices sont nombreux. Le 4 pour 1000 ne mobilise pas les foules; l'initiative ne fait pas la couverture des grands quotidiens. Pourtant sur le long terme elle pourrait se

révéler aussi importante que l'Accord de Paris lui-même. Il nous

faut bien entendu réduire massivement nos émissions de GES,

probablement par plus de quatre-vingt pour cent. Mais Rattan

Lal et Thomas Goreau, avec un petit groupe de scientifiques, de

militants et d'acteurs sur le terrain, pensent que l'extraction et la

séquestration de dioxyde de carbone jouera un rôle crucial dans

la création d'un climat vivable, pour la restauration du climat. Ils

sont maintenant rejoints par des structures internationales

importantes. Les puits de carbone vont réparer, régénérer et

restaurer la Terre, permettre une biogéothérapie. Goreau l'a dit

dans *Nature* en 1987: sans cette évolution la santé des sols et la

sécurité alimentaire mondiale ne sont pas assurées. Les feux de

forêt, les sécheresses, les inondations causés par des déficits

d'absorption des sols, vont se reproduire avec une régularité croissante. Aucune stabilité sociale ne peut être garantie dans ces conditions.

Dans les années récentes les cantons de Genève et de Vaud en Suisse ont servi de terrain d'essai du 4 pour 1000. Les deux cantons inclurent l'agriculture dans leur Plan climatique cantonal. Selon l'agronome chargé des mesures Pascal Boivin, d'émetteur de dioxyde de carbone, les deux cantons sont devenus des puits. Parmi les mesures prises Boivin identifie les plantes de couverture alors que la perturbation des sols est le premier facteur négatif. Mesurant 496 champs dans le canton de Genève et 1793 dans le canton de Vaud, la tendance évolua ainsi: -5‰ en 1998, +4‰ en 2012, +6‰ en 2015 et un énorme +10‰ en 2020. Certains fermiers sont encore émetteurs, mais plusieurs ayant adopté le sans labour avec plantes de couverture montrent de manière convaincante que le 4 pour 1000 peut être

atteint rapidement. (16)

Autres technologies à émissions négatives fondées sur la nature pour la captation et la séquestration de GES

D'autres méthodes pour une biogéothérapie existent. La liste devrait s'allonger dans les décennies à venir alors que le GIEC et d'autres institutions internationales identifient et reconnaissent de nouvelles technologies à émissions négatives fondées sur la nature. Voici une liste complémentaire de nos quatre approches:

• L'agro-foresterie et l'agro-sylviculture: un mode d'exploitation agricole impliquant les terres, les cultures et parfois les animaux d'élevage. Les arbres peuvent avoir un impact très positif sur les cultures, apporter de la biomasse et une protection du vent ou du soleil. Certains scientifiques mettent l'agro-foresterie tout au sommet des solutions pour l'extraction et la séquestration du dioxyde de carbone.

- Le 'carbone bleu': réfère à l'extraction du dioxyde de carbone de l'atmosphère par les écosystèmes océaniques côtiers, les mangroves, les marais salés, les herbages marins et potentiellement les grandes algues — l'extraction par croissance des plantes suivi d'un enfouissement des matières organiques dans les sols et sous l'eau. Cette approche aurait le meilleur retour sur investissement. Les approches biotiques visent à augmenter la production primaire afin d'accroitre l'exportation nette du carbone organique vers la profondeur des océans ou vers les sédiments, ou de créer de la biomasse dont on peut faire usage dans d'autres approches pour emmagasiner le carbone. Les exemples incluent la protection des réserves de carbone marin, la remontée artificielle d'eaux riches en nutriments, la fertilisation des océans, la culture d'algues. Les approches abiotiques visent elles à convertir du

CO_2 dissous en carbonates et en bicarbonates (emmagasinant

ainsi le carbone pour des dizaines ou des centaines de milliers

d'années) ou à déplacer physiquement des eaux de surface

riches en CO_2 vers les profondeurs océaniques. Sont incluent

le renforcement de l'alcalinité, le décapage du CO_2 de l'eau de

mer. L'alcanisation des océans est un processus naturel

provoqué par l'érosion des roches dans la mer. Son

renforcement accélère le processus https://

community.oceanvisions.org; https://oceanvisions.org/ocean-

based-carbon-dioxide-removal/

- Re-minéralisation: amendement des sols avec des produits

issus des océans ou de poussières de roche à concentration

minérale élevée. Selon *Remineralize the Earth* la re-

minéralisation des sols dans le monde, dont ceux en forêt,

permet la création de puits de carbone partout. En accélérant la re-minéralisation de la Terre — imitant les glaciers durant les périodes glacières — l'association dit que nous pouvons créer des sols fertiles en abondance.

- Les machines vivantes de John Todd: elles représentent, par essence, l'intelligence inhérente d'une forêt ou d'un lac au service des sociétés humaines. Comme les écosystèmes elles engagent un processus d'auto-constitution. Elles dépendent de la diversité biologique pour l'auto-réparation, la protection, l'efficacité d'un système. Les unités composant les technologies vivantes appelées machines vivantes, peuvent être conçues pour produire de la nourriture ou du carburant, traiter des déchets, purifier l'air, réguler le climat, et, biologiquement agir pour le rétablissement d'écosystèmes ravagés. Elles peuvent même produire ces actions simultanément. (9)

- Composte scientifique: le composte est un engrais naturel permettant d'éviter les émissions de carbone et de méthane par les déchets de cuisine et autres matières organiques en décomposition. Issu d'analyses et de procédés scientifiques, le bio-réacteur Johnson-Su développe aujourd'hui des super-compostes aux qualités fertilisantes sans précédent. Le documentaire sur l'agriculture de régénération *Kiss the Ground* (92), contient un segment sur la valorisation des déchets organiques. Il montre des exemples à Chicago et à San Francisco, des villes dotées de programmes de compostage très ambitieux.

- Passer de plantes annuelles vers des plantes pérennes réduit les émissions de carbone en diminuant la perturbation des sols.

- La sélection de plantes à racines profondes permet l'échange en profondeur de carbone et de minéraux entre des racines et la vie microbienne des sols — il en résulte une grande stabilité du carbone et son emprisonnement.

- Le vieillissement accéléré est habituellement considéré comme de la géo-ingénierie géologique pour l'extraction de dioxyde de carbone. Il implique l'usage de minéraux absorbant du dioxyde de carbone, le transformant en d'autres substances par des réactions chimiques en présence d'eau. Le Professeur Olaf Schuiling de l'Université Utrecht dit: « L'olivine est parmi les meilleures méthodes pour capturer du CO_2 atmosphérique. Une méthode sûre, naturelle, et bon marché. » Bien qu'associé à la géo-ingénierie, le livre *Geotherapy* consacre deux chapitres à l'olivine et le traite comme une réaction naturelle. L'approche est à mi-chemin entre les approches fondées sur la nature et les approches géologiques.

- La réintroduction de méga-faune en Arctique: les solutions naturelles pour le climat (SNC) en Arctique ont le potentiel d'être appliquées à une échelle pouvant affecter en substance le climat planétaire. Les puissants retours entre le permafrost riche en carbone, le climat et les herbivores, suggère la possible transformation de la mousse trempée/humide actuelle et la tundra dominée par les arbustes et un écotone forestier éparse en prairies, par un regroupement d'herbivores de grande taille en déplacement. Or la domination par des prairies peut ralentir la fonte du permafrost et réduire les émissions de carbone — particulièrement dans les régions Yedoma. On peut ainsi augmenter la capture de carbone en augmentant la productivité, et, grace aux systèmes racinaires profonds des graminées et des plantes herbacées. (49)

- La permaculture est une approche de la gestion des terres et une philosophie adoptant des organisations observées dans des écosystèmes naturels florissants. Sont inclus une série de principes faisant usage d'une pensée systémique. La permaculture utilise ces principes en agriculture de régénération, pour la remise en état d'espaces sauvages, la résilience communautaire par l'agriculture s'appuyant sur des taux de carbone élevés dans les sols, dont le *carbon farming*.

- Vetiver: peut s'appliquer à diverses échelles, avec des coûts bas et des courbes d'apprentissage rapides. Vetiver est une plante non-invasive s'adaptant à divers climats et à différents sols. Elle peut protéger les routes et les ponts en réduisant l'érosion des sols, décontaminer, être utilisée comme fourrage ou comme paillis. Sa culture améliore la fertilité des sols et les habitats naturels. Elle séquestre du carbone.

- Inga: une plante pouvant, comme le biochar, aider à réduire le slash-and-burn en agriculture dans les forêts tropicales. Il reboise tout en nourrissant la population, l'inga permet de stocker du carbone, sa culture est une forme d'agro-foresterie. Des centaines de plantes aux qualités comparables existent; le chanvre est une de ces plantes avec un énorme potentiel de séquestration du carbone.

- Les tourbières sont le plus grand lieu de stockage naturel terrestre du carbone. La première méthode pour leur restauration est 'leur ré-humidification', la restauration de flux par saturation en eau des sols. Selon nature4climate, cette méthode peut être adoptée à très faible prix — $ 10 la tonne de CO2e par année.

- Depuis quelques mois une idée nouvelle émerge, à priori un peu étrange. Elle consiste à enfouir de grandes quantités de biomasse dans de grands trous, laissés par les mines par exemple. La technique s'inspire des déchetteries, dont la maitrise des émissions de méthane. Puro Earth écrit : « L'enfouissement de biomasse de bois offre une occasion unique pour l'extraction de carbone à grande échelle, abordable et entièrement additionnelle (c'est-à-dire impossible à réaliser sans la finance carbone). La méthodologie couvre des activités capables d'enfouir de la biomasse ligneuse dans des conditions inhibant la décomposition de la biomasse, et, pouvant maintenir ces conditions pour garder le carbone stocké 100 ans au moins. Cette méthodologie a été approuvée par notre conseil consultatif en mars 2022. Il le pilotera pour les deux prochaines années afin que des données et des preuves additionnelles soient réunies. Ces essais vont documenter encore davantage la viabilité d'une telle approche pour extraire du carbone. Les projets éligibles doivent avoir une empreinte carbone net-négative et rencontrer les exigences. » Les défenseurs du biochar diront qu'il s'agit d'un gaspillage de biomasse qu'on devrait transformer en matériaux avec le potentiel de réduire les activités minières. Mais ceux qui défendent l'enfouissement répondent que la méthode séquestre deux fois plus de dioxyde de carbone que le biochar.

Ils ajoutent que des taillis pourraient être cultivés dans des zones désertiques pour produire la biomasse nécessaire.

Depuis quelque semaines, le nombre d'approches à l'extraction de dioxyde de carbone se multiplie. Des balados spécialisés y font référence comme *Outrage and Optimism* (de Global Optimism avec Christiana Figueres et ses neuf associé(e)s), *Reversing Climate Charge* et *Carbon Removal Newsroom* (NORI), *TED climate, Going Negative, My Climate Journey, Climate Finance Podcast, The Carbon Removal Show, The Keep Cool Show, Zero* de Bloomberg Green.

Les solutions liées aux océans sont définitivement la nouvelle vedette: les écosystèmes marins peuvent séquestrer du carbone tout en produisant une alimentation riche et saine. Les algues peuvent pousser plusieurs mètres par semaine tout en fournissant

un environnement aux poissons et autres espèces marines. Or
certains experts des océans préviennent: il est beaucoup plus
ardu de travailler dans les océans que de travailler sur les terres,
la mise à l'échelle du problème climatique pourrait se révéler
difficile en mer.

Si les balados apportent de nouvelles idées presque tous les
jours, XPRIZE, le leader des compétitions liées à des prix pour
accélérer les percées bénéficiant à l'humanité, et la Fondation
Musk, ont annoncé 15 équipes 'gagnantes d'étape' dans le cadre
de la compétition $ 100M XPRIZE Carbon Removal. Chacun se
voit accordé $1M en reconnaissance de leurs efforts à ce jour et
pour appuyer leur travail. Les gagnants finaux vont recevoir
$80M en 2025. Il est crucial de souligner que le XPRIZE n'est
pas une compétition d'idées; c'est une compétition pour
exécuter et démontrer. Le processus de soumission a été élaboré

pour être exigeant, avec 1133 équipes réduit à 287 rencontrant les critères d'éligibilité pour le prix d'étape. Les juges ont regardé les plans d'opération, les performances associées aux données, l'analyse du cycle de vie et l'estimation des coûts pour finalement sélectionner les 15 équipes emportant le prix d'étape intermédiaire de $1M.

Les 15 gagnants d'étape par type de solution sont:

Air

Calcite from 8 Rivers Capital - U.S. Carbyon - Netherlands, Heirloom & Carbfix - U.S. & Iceland, Project Hajar - U.K.& Oman, Sustaera - U.S, Verdox & Carbfix - U.S. & Iceland Land, Bioeconomy Institute Carbon Removal Team from Iowa State - U.S., Global Algae Innovations - U.S., NetZero - France,

PlantVillage from Penn State - U.S., Takachar & Safi Organics from University of British Columbia - Kenya.

Océans

Captura from California Institute of Technology - U.S., Marine Permaculture SeaForestation from the Climate Foundation - U.S., the Philippines & Australia, Planetary - Canada

Minéraux

Carbin Minerals from University of British Columbia, Vancouver - Canada.

Une entreprise intrigante est Global Algue Innovations. Fondée en 2013 pour une productivité sans parallèle des algues, elle vise à fournir alimentation et carburants au monde, améliorer radicalement l'environnement, l'économie, et la qualité de vie de tous. L'entreprise a concentré ses efforts à réduire les coûts et l'énergie pour cultiver des algues. Elle écrit sur son site: « Les algues produisent 40 fois plus de protéines par acre que les

meilleures cultures terrestres et elles éliminent l'eutrophisation

causée par les ruissellements. Par ailleurs la production de

protéines par les algues exige 30 fois moins d'eau et 8 fois

moins de phosphate que les protéines issues de cultures

terrestres. Consommateur de dioxyde de carbone, les algues

peuvent inverser les effets négatifs des gaz à effet de serre. Une

analyse du cycle de vie de la production d'algues pour

l'alimentation animale a établi que le remplacement de 40% de

l'alimentation animale par une alimentation à base d'algues

serait suffisant pour maintenir le niveau de gaz à effet de serre à

l'intérieur des cibles du GIEC. »

L'extraction de carbone ne fait que débuter et pourtant les

solutions émergent avec un régularité étonnante. Avec des

mécanismes financiers innovants sa montée en puissance

pourrait être plus rapide que celle des énergies renouvelables dont le prix a chuté par un facteur de 1000 en 70 ans ou celui du prix de stockage des batteries dont la réduction a été de 90% en dix ans. La compensation carbone est un des outils considérés pour accélérer le développement de ces nouvelles technologies et ces transitions. Alors que certains voient avec méfiance les certificats d'extraction, d'autres pensent que les méthodologies, les audits indépendants et la tokenisation non fongible (NFTs) peuvent apporter la clarté scientifique et diminuer les risques de double comptage.

Patate chaude: la biogéothérapie doit-elle faire usage de mécanismes compensatoires?

Nous avons tous le souvenir de doutes exprimés sur le réchauffement climatique ou sur ses implications. Les évènements climatiques extrêmes et à répétition ont mis fin à ce discours. En 2022 le GIEC a admit la pression exercée par les compagnies de carburants fossiles pour réduire le sentiment d'urgence de l'organisation. Le 7 mars 2022 Amy Westervelt écrit dans *The Guardian*: « La deuxième partie du plus récent rapport du GIEC a été publiée cette semaine. Il a reconnu la plus grande contribution de l'industrie pétrolière à la question climatique: la désinformation. »

Nier le réchauffement climatique a en effet été un marché niche depuis des décennies. Mais les controverses peuvent être virulentes à l'intérieur même du mouvement vert; les idées peuvent entrer en collision. Celle concernant l'utilisation de crédits carbone, les 'compensations' pour les émissions de dioxyde de carbone évitées, ou, pour leur extraction de l'atmosphère et leur séquestration, a provoqué de tels clashs. En mai 2020, Greenpeace a écrit: « Le plus grand problème avec les compensations est qu'elles ne fonctionnent pas vraiment. » *Compensate* en Finlande — une ONG critique mais favorable aux compensations, comme son nom l'indique — a affirmé dans un rapport que 90% des crédits carbone ne peuvent prouver qu'ils réduisent le carbone dans l'atmosphère. Arrivant à des conclusions similaires *The Guardian* écrit: « Une enquête conjointe des schémas de compensation utilisés par certaines des plus grandes compagnies aériennes du monde par *The Guardian* et *Unearthed*, le bras enquêteur de Greenpeace, ont trouvé que bien que de nombreux projets forestiers réalisaient un travail de conservation valable, les compensations générées par la prévention des destructions environnementales apparaissent fondées sur des systèmes très contestables. Malgré cela il est fait usage de crédits pour revendiquer des 'vols carboneutres' et des engagements net-zéro. » Greenpeace Grande-Bretagne a même parlé d'un âge d'or du greenwashing. La réduction d'émissions liées à la déforestation et la destruction de forêts avec considérations sociales (REDD+), et certaines initiatives d'afforestation et de reboisement, sont particulièrement contestées.

Parlant d'une approche tape-à-l'oeil, David Antonioli de Verra[6]

écrit dans sa réponse: « Ce 'journalisme' du *Guardian* et de

Greenpeace menace la conservation des forêts. » S'attaquant à

---

[6] De wikipedia: Le Verified Carbon Standard (VCS), ou Verra, autrefois le Voluntary Carbon Standard, est un standard visant la vérification des réductions d'émissions. VCS est administré par Verra une organisation non-gouvernementale 501(c)(3). En 2005 la firme conseillère en investissements dans le marché du carbone Climate Wedge et son partenaire Cheyne Capital ont pensé et produit un premier jet du Voluntary Carbon Standard. Son intention est d'être un standard de qualité pour transiger et développer des crédits carbone 'hors-Kyoto', nommément des réductions d'émissions volontaires issues de projets rencontrant la qualité et les normes de vérification des compensations du mécanisme de développement propre du protocole de Kyoto en lien avec la Convention cadre des Nations unies sur les changements climatiques — mais pour des projets non-éligibles pour des raisons géographiques ou de temps en relation aux règles de Kyoto (e.g. des projets de compensation aux États-Unis, à Hong Kong, en Turquie, etc non-éligibles aux CDM). En mars 2006, Climate Wedge et Cheyne Capital ont transféré le Voluntary Carbon Standard version 1.0 à The Climate Group, l'International Emissions Trading Association (IETA) et au World Economic Forum, et fournirent le capital initial pour que ces organisations à but non lucratif puissent réunir une équipe d'experts sur le marché des crédits carbone et rédiger un brouillon des exigences VCS. Le World Business Council for Sustainable Development (WBCSD) rejoindra l'initiative plus tard. L'équipe forma le Comité de direction du VCS et rédigea la deuxième version puis celles subséquentes du Standard VCS. En 2008 le Conseil de direction nomma David Antonioli premier Chief Executive Officer. En 2009 le VCS fut incorporé à Washington DC comme organisation non gouvernementale sans but lucratif et le 15 février 2018 l'organisme change son nom de Verified Carbon Standard à Verra.

leur idéologie les défenseurs des compensations accusent

Greenpeace d'être contre le marché.

Divergences chez les écolos

Le nucléaire comme source d'électricité ou au contraire son

rejet, l'alimentation végétarienne VS la viande produite à l'herbe

pour l'inversion du dioxyde de carbone dans l'atmosphère, les

compensations. Des différences majeures émergent à l'intérieur

du mouvement pour l'environnement. Elon Musk, l'homme le

plus riche du monde et président de Tesla, est considéré par

certains comme une personnalité du mouvement vert en faisant

la promotion de civilisations s'appuyant sur les énergies

renouvelables et des modes de transport électriques. Or Musk est

en faveur du nucléaire, les Verts en général s'y opposent.

Plusieurs condamnent la 'société de l'automobile', la

domination des villes par l'automobile; plusieurs s'interrogent sur son efficacité réelle. L'ambition de Musk d'aller sur mars n'est pas une priorité pour tout le monde — plutôt un rêve d'aficionados. Plusieurs citadins préfèrent pédaler au travail plutôt que de conduire une dispendieuse voiture d'une tonne, électrique ou pas. Musk défend aussi l'idée plutôt étrange d'un monde sous-peuplé… Ce ne sont pas des différences à la marge. Elon Musk est clairement un éco-moderniste, une école de pensée environnementale centrée sur l'utilisation de technologies pour réduire les impacts sur l'environnement tout en maintenant le haut niveau de vie des pays riches.

Les compensations carbone sont un autre thème de conflit. Le désire exprimé par Mark Carney de multiplier par quinze les marchés volontaires du carbone participe d'une certaine méfiance. Pour plusieurs Carney représente la quintessence d'un establishment obsédé par le désir de 'faire marchandise' tout et n'importe quoi, incluant le droit de polluer. *REDD monitor* écrit: « En novembre 2020 la Taskforce de Carney publia un 'document consultatif' sur l'élargissement des marchés du carbone. Le document, 98 pages, n'aborde même pas sa prétention à répondre à la crise climatique — il ne fait que la promotion du commerce du carbone. Le document de consultation mentionne le mot 'compensation' (*offset*) 238 fois mais mentionne l'énergie issue des carburants fossiles une seule fois. »

À Glasgow fort de son aura d'Envoyé spécial des Nations unie pour l'action et la finance climatique et de Conseiller financier du premier ministre de Grande Bretagne à la COP 26, Carney lança l'Alliance financière de Glasgow pour le zéro-net (GFANZ). Elle réunit 450 institutions financières majeures dans

45 pays avec sous leur contrôle $ 130 billions. En apparence une initiative aux proportions herculéennes positive. Mais pour les critiques, Carney demeure un banquier, représentant de la vielle économie et travaillant à sa sauvegarde. Ils lisent sa longue liste de CEO et d'organisations issues de l'ordre établi avec suspicion. Pour plusieurs d'entre eux — certains avec de la sympathie pour les idées de décroissance — la production et la consommation n'est pas l'équivalent de qualité de vie, de bienêtre, *el buen vivir* inspiré de penseurs autochtones d'Amérique latine (en Quechua *sumak kawsay* et *suma qaman* en Aymara).

Certains à l'intérieur même d'institutions bien établies pensent que les entreprises abusent de l'utilisation des marchés. Ben Elgin résume le problème dans Bloomberg Green crûment: « Plutôt que de dramatiquement changer leurs activités, les exécutifs chez JPMorgan continuent de circuler en jet de par le monde, les navires Disney brûlent encore du pétrole, et, les immeubles à bureaux de BlackRock avalent de l'électricité. Par ailleurs les corporations travaillent avec Nature Conservancy, le plus grand groupe environnemental, pour faire usage de logiques tordues afin d'absoudre leurs pêchés climatiques. En prenant crédit pour sauver des terres déjà bien protégées ces entreprises ne réduisent de loin pas la pollution. »

Pour être équitable les critiques omettent une information importante: les marchés volontaires sont très petits, minuscules même — 800 millions contre 800 milliards pour les marchés obligatoires avec allocations basées sur le protocole de Kyoto, un millième. Les marchés obligatoires, eux, ont fait un usage modéré des compensations jusque-là. Dans la majorité des pays ils représentent moins de 10% du budget carbone juridiquement

contraignant. Les compensations sont surtout un marché
volontaire même si les réductions d'émissions certifiées dudit
mécanisme de développement propre ont joué un certain rôle
dans le protocole de Kyoto avant l'Accord de Paris.

Les Nations unies défendent le mécanisme de développement
propre et les réductions qu'il génère, un programme que
l'organisation gère depuis Bonn. Dans un document
*Achievements of the clean development mechanism—harnessing
incentive for climate action 2001-2018,* le secrétariat de la
convention écrit: « Le mécanisme pour un développement
propre a dépassé les attentes de chacun. Depuis 2001 plus de
8000 projets et activités programmatiques dans 111 pays ont
réduit ou évité l'équivalent de 2 milliards de tonnes de CO_2 et
déclenché des investissements de plus de USD 304 milliards
dans le développement de projets climatiques et du

développement durable (…) Des milliers de compagnies furent

engagées injectant de l'argent dans une panoplie large de

projets: éoliens, de biomasse, liés à la production d'énergie

solaire, de fours à cuisson efficaces, pour la gestion de sites

d'enfouissement et la gestion de déchets, d'afforestation et de

reforestation; et d'avantage (…) Les projets d'énergies

renouvelables enregistrés sous le CDM contribuent

approximativement 100 000 Gigawatt heure d'électricité par

année — assez pour alimenter l'Équateur, le Maroc, le Myanmar

et le Pérou réunis (…) Le CDM a créé un système de validation

par des partis tiers — des entités indépendantes opérationnelles

validant des projets proposés et vérifiant leurs résultats. » (95)

Pour l'heure le rôle que vont jouer les compensations ou les

certificats d'extraction dans les marchés obligatoires reste à

définir. En général il semble que les compensations vont surtout s'installer dans les marchés volontaires. Les crédits issus

'd'émissions de dioxyde de carbone évitées' comme celles

venant des énergies renouvelables perdent de l'attractivité et

sont remplacées par 'de véritables certificats d'extraction et de

stockage/séquestration'. Les méthodologies et les leçons

apprises depuis trente ans sont intégrées; une évolution rapide

des politiques associées à la biosphère et de sa finance carbone

est en cours.

Plusieurs sont d'avis que les compensations peuvent favoriser

l'innovation de nouvelles technologies à émissions négatives.

Commenter la signification, les succès et les échecs des

compensations va au-delà de l'objet de ce livre. Mais un joueur

de la première heure dans ce domaine, Redshaw advisors ltd. à

Londres, présente les limites des crédits carbone lorsqu'il

répond à deux questions dans une brochure:

Puis-je utiliser des 'compensations' plutôt que d'acquérir des allocations de l'Union européenne pour être conforme avec EU ETS. Comment cela fonctionne-t-il?

« Les compensations internationales sont permises à l'intérieur du European Union Emissions Trading System (et dans d'autres système d'échanges de quotas d'émissions). Cependant il y a des règles spécifiques déterminant combien ou quelles compensations peuvent être acquises pour répondre aux obligations. Certaines entreprises sont sensibles aux attributs de durabilité des compensations dont elles font usage du fait de leurs politiques de responsabilités environnementales et sociales. »

Combien de compensations internationales ai-je le droit d'utiliser?

« (…) Les 'Nouveaux Entrants' peuvent utiliser 4.5% de leurs émissions durant la Phase 3 (2013-2020). Le secteur aérien a différentes règles: 15% de leurs allocations de 2012 et 1.5% de leurs émissions à partir de 2013. »

Le système est complexe. Il faut être *'offsets-literate'* pour savoir et comprendre ce qui est permis, dans quelle proportion, et où. C'est la raison pour laquelle des conseillers comme Ridshaw existent et que le monde des offsets est devenu une véritable industrie.

Dans de longs articles que l'on retrouve sur le site d'Ecosystem Marketplace, Steve Zwick affirme que les critiques au sujet des crédits carbone par Greenpeace doivent être discrédités (105, 107). Il demande: comment des reportages sensationnalistes deviennent viraux alors que ceux représentants un travail de cheval (« la majorité » dit-il) sont ignorés. Il entre dans l'histoire des solutions naturelles à la crise climatique et leur évolution sur des décennies — par exemple les nouvelles normes pour la production d'huile de palme.

Son troisième article s'intitule: « Où se termine une critique saine et où commence un dénie cynique? » (107) Selon Zwick le dénie scientifique est sous-jacent à une couverture bâclée des solutions climatiques. Il s'appuie fortement sur les travaux de

Mark et Chris Hoofnagle exposant les tropes du dénie scientifique au milieu de la décennie 2000, période pendant laquelle plusieurs disciplines sont arrivés à un accord sur 'les témoins qui s'allument à l'occasion de dénies scientifiques'. Il les résume ainsi:

1. Mettre de l'avant des attentes impossibles à atteindre par la science,

2. Mettre de l'avant de fausses logiques,

3. Dépendre de faux experts (et dénigrer les vrais),

4. Choisir les évidences,

5. Croire des théories de conspiration.

Zwick lance une série d'attaques contre Greenpeace, dont celle-ci: « Vous magnifiez une minorité et vous donnez à des idées à la marge et des résultats non-prouvés la même valeur ou un statut supérieur que les idées ou les résultats ayant traversés le temps. C'est le mensonge original pour lequel les Marchands de doutes excellent, et c'est aussi un favori de Greenpeace (ironiquement considérant que l'association est parmi les meilleures à mettre en lumière ceux qui utilisent cette tactique). »

Plus loin dans l'article, adressant trope 5, les conspirations, il écrit: « À la racine de toutes les critiques est la croyance que des centaines de biologistes, de forestiers, d'économistes, d'anthropologues, de leaders autochtones, et d'entrepreneurs ont passé 40 ans à conspirer pour créer un système truqué donnant à

l'industrie du pétrole un droit de polluer. »

Dire oui aux compensations, mais garder un oeil critique

Les critiques affirment que les compensations sont une manière pour les grandes entreprises 'de sortir de prison'. Les évidences pour cette conclusion sont minces. La plupart sinon toutes les compagnies faisant usage de crédits carbone, et les nouveaux certificats d'extraction (CORCs), réduisent en parallèle leurs émissions. Les compensations sont un outil au sujet duquel il faut rester critique, pas une fin en soit, mais les critiques peuvent aller trop loin.

Les critiques parlent comme si les compensations sont une aubaine. Ce nest plus le cas. Ça dépend de leur qualité. Présentement les CORCs issus du biochar, CORCCHAR se négocient à plus de 100 Euros la tonne (60). Si les compensations ont connu de très bas prix, rien ne démontre que cela sera la cas à l'avenir — particulièrement considérant que les émissions évitées par les énergies renouvelables ne rencontrent plus ladite 'additionalité financière'. Les crédits d'émissions évités pourraient bien disparaitre complètement; c'est le résultat du prix des énergies renouvelables inférieur aux énergies conventionnelles. Si certains marchés obligatoires devaient permettre l'utilisation de crédits compensatoires, il serait risqué — pour son image et potentiellement très onéreux pour un pays ou une compagnie — de compter trop lourdement sur l'achat de certificats d'extraction comme stratégie pour respecter un budget carbone.

Nous pensons que quelles que soient les critiques des expériences jusque-là, légitimes ou pas, les nouvelles compensations d'extraction, moins contestables, ont de potentiels effets positifs. Ils peuvent contribuer à lancer de nouvelles industries. C'est ce qui s'est produit en Chine et en Inde avec les énergies renouvelables. L'utilisation d'énergies renouvelables est devenu plus attractif grâce aux 'certificats de réductions d'émissions' du mécanisme pour un développement propre attachés au protocole de Kyoto. L'éolien et le solaire s'y sont développés plus rapidement. De la même manière l'injection d'argent pour l'extraction de GES peut aider l'agriculture ou l'élevage de régénération, le biochar, la restauration de mangroves et de systèmes aquatiques.

En avril 2022 Tom Miles, le directeur exécutif de l'Initiative pour le biochar aux États-Unis écrit dans sa newsletter reprenant les mots d'un fermier : « Je ne peux financer une nouvelle facilité sur la vente de mon biochar, personne ne va me donner une entente d'achat. Mais lorsque j'ai commencé à vendre des crédits carbone anticipés, la banque a commencé à montrer de l'intérêt. » Les marchés du carbone peuvent-ils être un levier pour financer et réduire le coût du biochar, ou d'autres solutions à la crise climatique? Certains le pensent. Ils s'intéressent à des outils financiers comme des engagements à l'avance sur de nombreuses années, les revenus partagés, des financements sur projet et des garanties de prêts.

Dans le domaine du biochar le premier projet s'appuyant sur la technologie des blockchains, les 'tokens biochar' a été créé. Biochar Life écrit: « Nous utilisons les crédits carbone pour financer la formation de fermiers afin de mettre fin à l'élimination par le feu des résidus de récoltes et pour générer plutôt des puits de carbone avec le biochar. » L'entreprise ajoute: « Nous fournissons du biochar dont l'extraction de carbone est vérifiée pour 100 ans. Nous sauvons des vies en arrêtant la fumée des brulis en champs et nous générons des revenus dont les petits agriculteurs et les communautés ont fortement besoin. » S'il se confirme à large échelle c'est là un usage transformateur des compensations. Nous devrions aussi souligner que la transformation en jetons peut apporter de la clarté aux marchés. Les numéros de série et les contrats en ligne ont le potentiel d'empêcher le double comptage — les énergies nécessaires aux blockchains devront cependant être issues de sources renouvelables pour atteindre leur but.

En avril 2022, un fond pour l'extraction de carbone de près d'un milliard de UDS appelé Frontier a été lancé par Spotify, Alphabet et d'autres grandes entreprises. Il est basé sur 'le mécanisme de marchés garantis', une stratégie utilisée avec succès pour propulser la recherche et le développement de vaccins dans le cadre du COVID-19. Si certains acheteurs de crédits carbone d'extraction sont prêts à pré-payer pour des certificats d'extraction de dioxyde de carbone — Microsoft, Shopify, Spotify, et SwissRe l'ont fait — pour l'heure la majorité de tels crédits sont achetés 'à leur livraison'.

En avril 2022 la liste d'entreprises déclarant leur souhait de devenir zéro-net a explosé. Soudainement nous sommes devant un 'marché de demandeurs' après avoir été dans un marché d'offre durant des années. Un retournement complet de situation. Le 22 avril 2022, l'Initiative pour le climat fondée sur la science déclara: « Hier durant la semaine pour la Terre, SBTi dirigea #NetZeroActionDay célébrant les entreprises avec l'objectif zéro-net. L'initiative a applaud 1000 engagements pour le standard zéro-net et appela davantage d'entreprises à travers le monde à jouer leur rôle dans la lutte contre les changements climatiques, de s'engager pour les objectifs de

l'initiative zéro-net fondée sur la science. »

Malgré ces engagements et la multiplication de structures pour

faire entendre la bonne volonté des multinationales sur le climat,

la société civile reste dans le doute. Reclaim Finance basé à

Paris, associée à des ONGs bien connues comme Climate Action

Network, écrivant après une année d'existence au Glasgow

Financial Alliance on Net Zero, commencèrent leur lettre de 3

pages avec des mots polis et positifs mais poursuivirent:

« Cependant nous sommes inquiets. Sans un leadership fort,

GFANZ risque de devenir un écran de fumée pour cacher

comment le secteur de la finance se traine les pieds sur la

décarbonation. Comme vous avez déjà prévenu Dr. Carney, nous sommes maintenant 'au bord du désastre climatique'. Sans une augmentation majeure de ses ambitions il est difficile de voir comment les alliances GFANZ et les autres initiative vont diminuer leurs émissions — considérant en particulier la nouvelle selon laquelle les émissions liées à l'énergie ont atteint leur niveau le plus élevé en 2021. »

Pour une biogéothérapie largement définie

Un élargissement de la discussion concernant l'inversion des GES est urgent. Pour l'instant on voit l'extraction du dioxide de carbon de façon isolée. Or comme nous l'avons souligné, on se rappellera qu'à la Conférence des Nations unies à Rio de Janeiro en 1992, trois conventions furent signées: une sur le climat, une pour combattre la désertification et une pour favoriser la biodiversité sur Terre.

Parler d'inversion du réchauffement climatique sans parler des deux autres conventions, est une recette pour un monde dystopique avec des enjeux de sécurité alimentaire et de biodiversité. Ces conventions sont interconnectées; nous avons trois axes sur lesquels reconstruire, chacun renforçant les deux autres piliers. *Biogéothérapie — les solutions climatiques fondées sur la nature, la vie comme force géologique*, réfère à des pratiques régénératrices associant les piliers d'une biosphère en santé.

Parmi les communautés pour l'extraction du carbone, nous nous attendons à des débats et à des désaccords. Les ornithologues et l'industrie de l'éco-tourisme pourraient avoir des priorités autres que la capture du carbone et son stockage dans des formations géologiques en profondeur. Des organisations de la société civile pourraient protester lorsqu'elles voient de gigantesques installations comme celles captant le dioxyde de carbone directement de l'air proposées et une grande quantité d'argent aller vers de telles solutions sans grands co-bénéfices pour la société. Une voiture électrique peut réduire massivement les émissions de GES et les polluants dans les villes. L'Aptera sera même la première voiture sur la route n'utilisant que l'électricité solaire pour parcourir quarante miles ou moins par jour. Quelle réalisation technique formidable! Les voitures pourraient être construites de matériaux bio-sourcés négatifs en carbone. Or aussi vertes que soient ces voitures, elles ne répondent pas aux questions associées à l'utilisation trop importante d'espace par l'automobile dans les villes. Ou aux questions de santé liées au manque chronique d'activités physiques des citadins. Le même commentaire pourrait être fait concernant la piètre qualité des quartiers résultant de l'étalement urbain. À combien, et comment, évalue-t-on des 'rues vivantes' et la mobilité multimodale? Ce sont des questions que plusieurs posent aujourd'hui.

L'équilibre carbone est vital mais il ne sera pas le seul et unique critère d'un développement désirable. Il est aussi question de choix de société, d'un modèle de développement. Le carbone sous forme d'hydrocarbure a été l'énergie de la révolution industrielle depuis deux siècles. Dorénavant les allocations de carbone seront au coeur de la révolution pour une biogéothérapie fondée sur la nature, des changements dont l'humanité a besoin pour survivre sur la planète Terre. Plus vite notre espèce réalise les changements nécessaires sur tous les continents, et dans toutes les sphères d'activités, plus grandes sont nos chances de succès. Il nous faudra un état d'esprit régénératif et des États régénératifs. Un niveau de conscience jamais connu jusque-là.

Discussion

L'évolution linguistique de géothérapie vers biogéothérapie vise, en outre, à contrer toute confusion avec géo-ingénierie — avec les solutions géologiques, mais aussi les solutions high-tech comme la modification de l'atmosphère, des radiations solaires, ou la qualité chimique des océans par des pulvérisations. Biogéothérapie met de l'avant le potentiel de guérison de toutes les formes de vie; comment les sols, les forêts et les troupeaux animaliers sont de véritables forces géologiques. Avec quelques exceptions comme l'olivine, la biogéothérapie provient de la photosynthèse et de biomasses transformées. Les sols, les plantes et les arbres, les troupeaux animaliers deviennent ou redeviennent 'de puissants outils' réparateurs.

Le reboisement, les initiatives carbone bleu, ou les machines vivantes, font aussi partie de ce grand dessein. D'autres stratégies comme le repeuplement de l'Arctique par de la méga-faune, l'inga ou la culture du chanvre et leur usage à grande échelle sont, pour l'heure, d'intéressantes hypothèses. À mesure que sont réduites les sources de gas à effet de serre, le poids relatif des puits de carbone dans la stratégie de gestion des cycles de carbone vont, en proportion, augmenter. Une fois quatre-vingt ou quatre-vingt dix pour cent des émissions actuelles éliminées, le zéro-net sera réalisable grâce aux puits de carbone. Ensuite l'extraction de toutes les émissions historiques pour une vraie restauration climatique, environ 300 GtC ou 1000 $GtCO_2$, sera nécessaire — pour atteindre le net-zéro de la Terre. On vise des climats avec lesquels les sociétés humaines peuvent non seulement survivre, mais vivre dans le confort et la dignité.

La petite communauté épistémique entourant le néologisme biogéothérapie doute de l'efficacité des approches techno-industrielles. Elle juge ces approches risquées, nécessitant encore beaucoup de recherches, et, dans le cas de la captation du carbone directement dans l'air, encore très couteuses. En comparaison elle souligne les co-bénéfices en cascades des approches naturelles: l'activation de la vie des sols, l'absorption et le stockage de l'eau, la gestion des cycles du carbone et la régulation du climat, la gestion de déchets organiques, la réduction des intrants chimiques en agriculture, la substitution avantageuse de matériaux en construction comme le sable marin utilisé dans le béton. L'approche associée à la biogéothérapie est un pari plus sûr disent-ils. Ils distinguent également les approches de stockage du carbone de celles adressant exclusivement le réchauffement, la gestion des radiations solaires ou le renforcement de l'albedo des nuages et des océans par exemple — des solutions proposées pour réduire la température sans séquestration de gas à effet de serre. (19) Bien que présentées comme transitoires les approchas technologiques, souvent géologiques, soulèvent des questions dont l'accaparement de ressources financières.

Le pâturage à enclos multiples, l'agriculture sans labours avec des plantes de couverture, le biochar ou le reboisement, s'appuient sur la pédologie, la biologie, l'écologie. Ces approches génèrent de la richesse et des co-bénéfices. Elles sont disponibles immédiatement, sans délais. Les ONGs comme agriculture-de-conservation.com et Fermes Leader en France, soil4climate au Vermont, Sols Vivants Québec, Régénération International, Project Drawdown, Kiss the Ground ou l'Institut Rodale défendent ces solutions fondées sur la nature et bio-sourcées. Ces ONGs pensent judicieux de les considérer prioritaires. Ces solutions réussissent aujourd'hui à attirer l'attention des médias et de journalistes souvent surpris d'apprendre leur existence.

D'une façon plus large la biogéothérapie annonce ce qu'Albert Bates et Kathleen Draper appellent « la nouvelle économie du carbone ». Une économie fondée sur la nature, s'appuyant moins sur la physique, la chimie et l'ingénierie. (3) Elle fera plutôt usage de biomasse transformée et réduira les activités minières. Biogéothérapie annonce la fin de la dominance de certaines disciplines, la montée en puissance d'une économie solaire fondée sur les énergies renouvelables et la photosynthèse. Le réchauffement climatique, la désertification et la perte de biodiversité sont inversées par une expansion des potentialités de la biomasse: une augmentation de la matière organique dans les sols et une amélioration de leur fertilité, la pyrolyse pour transformer la biomasse en biochar multi-fonctionnel, l'utilisation de bois et de matériaux à haute teneur en carbone pour la construction, etc.

Au-delà des sources de GES à réduire, les puits négatifs en carbone fondés sur la nature deviennent des éléments clés de cette nouvelle économie stoppant et inversant les destructions. Ils mettent en marche un processus de réparation des écosystèmes et de notre biosphère la Terre. Le carbone n'est plus extrait des forêts, des sols agricoles, des mangroves et des carburants fossiles pour être introduit dans l'atmosphère. Inversant l'économie du carbone actuelle, les extractions prennent la direction inverse: de l'atmosphère vers les sols, vers les zones côtières, séquestré dans des matériaux et 'des produits à carbone ajouté'.

La course pour maitriser, développer, et faire monter en importance des secteurs négatifs en émissions donnant naissance à des économies ancrées dans une biogéothérapie, est encore toute naissante. Récemment les scientifiques ont débattu ces questions par l'entremise de publications. (54, 24, 61) En Europe, trois structures — Carbon Gold en Suisse, Carbonfuture en Allemagne, Puro Earth en Finlande — offrent des crédits carbone. Ces « certificats d'extraction » représentant des extractions et des séquestrations 'vérifiées et suivies', sont vendus pour gérer les empreintes carbone. Puro Earth propose le biochar, les constructions en bois et le béton négatif en dioxyde de carbone parmi ses certificats d'extraction de CO_2, CORCs. Vérifiées par des entités indépendantes leur prix a doublé en quelques mois —- de 50 à 100 dollars la tonne, bien au-delà des prix sur le marché obligatoire EU Emissions Trading System (EU ETS) ces dernières années. Selon AirMiners et le site spécialisé *carbon dioxide removal* (CDR) google group, la

demande pour ces certificats dépasse l'offre, la prévision des

prix est difficile.

Sur une base volontaire, des entreprises comme Microsoft,

Shopify, Spotify ou SwissRe (et plus de mille autres

entreprises), s'engagent à devenir « zéro-net »; à réduire leurs

propres émissions et à payer pour l'extraction et le stockage de

ce qu'elles ne peuvent réduire. Sur le marché obligatoire EU

ETS 15'000 entreprises dans 31 pays sont liés par des objectifs à

atteindre. Avec les allocations distribuées par les autorités, puis

achetés, transférées et échangées, ces marchés ont atteint

globalement $ 800 milliards en 2021, une augmentation malgré

la pandémie et les inconnus nombreux avant la COP 26 à

Glasgow.

Selon les analystes l'augmentation reflète un ajustement en

prévision des nouveaux objectifs du Green New Deal de l'Union

européenne, la 'neutralité carbone d'ici 2050' incluant les puits

de carbone. (13, 21) La société civile participe à la discussion.

Par exemple la Carbon Negative Platform à Bruxelles suit

l'évolution et contribue aux débats avec l'Union européenne. En

Amérique du Nord Verra, le Carbon Action Reserve en

Californie et NORI à Seattle sont actifs dans les marchés

volontaires et deux marchés liant les partis engagées,

'obligatoires', sont en fonction: le Western Climate Initiative co-

fondé par la Californie et le Québec ($22 milliards en 2020), et,

le Regional Greenhouses Gases Initiative dans lequel participent

dix États américains ($ 1.7 milliard en 2020). À la COP 26 à

Glasgow, les marchés du carbone inclus dans l'Article 6 de

l'Accord de Paris ont été confirmés. Le développement de

méthodologies/protocoles est relancé; VCS/VERRA et le

Carbon Action Reserve (CAR) y participent. En outre VERRA vient de publier une méthodologie/protocole pour le biochar et CAR en a un en préparation.

Il semble que les compensations seront principalement utilisées, pour l'heure, par des acteurs sans obligations, les acteurs volontaires — mais la situation évolue, particulièrement en Asie. Les technologies à émissions négatives, l'usage des terres, les changements d'usages des terres et foresterie (LULUCF), les crédits de compensation pour éviter des émissions versus les certificats d'extraction, la neutralité carbone, zéro-net, positivité climatique, les solutions à la crise climatique fondées sur la nature, développement de régénération… Un nouveau secteur économique avec son vocabulaire, ses acronymes, ses technologies, ses méthodes de calcul, ses entreprises spécialisées, ses vérificateurs, ses rencontres annuelles et ses marchés potentiels est né. Sa valeur se mesure en milliards et

même en billions d'ici peu.

Le commerce des émissions, une idée lancée par l'économiste

canadien John Dales il y a plus de cinquante ans, demeure un

peu ésotérique et est encore contesté. Pourtant il est sur la voie

de devenir un des plus importants marché du monde. Depuis

1991 il a son association faitière, International Emissions

Trading Association (IETA), un rassemblement large de

représentants de l'industrie des carburants fossiles, des

industries de la chimie, d'organisations environnementales, de

fonctionnaires responsables pour leur pays des Contributions

prévues déterminées au niveau national, de fonds 'impact' pour

un capitalisme vert avec leurs énergies vertes et leurs nouvelles

technologies de stockage de l'électricité, de fonds

environnementaux avec gouvernance sociale (ESGs), des

scientifiques et des représentants des sciences sociales. IETA a aussi son bras technique l'International Carbon Reduction & Offset Alliance, ICROA. Cette gigantesque machinerie, sophistiquée et complexe, doit permettre la restauration climatique, la santé des sols, de lutter contre la désertification, d'assurer la biodiversité. Elle doit permettre une biogéothérapie.

Conclusion: vers la Civilisation 280

Fondées sur la nature, restauratrice, réparatrice: la biogéothérapie est au coeur d'une mutation aux implications pharaoniques et vertigineuses. Discutée parmi une petite communauté nous croyons que le concept mérite une diffusion large. Biogéothérapie peut fortement contribuer à une évolution sémantiques pour des objectifs souhaitables, un monde auquel chacun peut adhérer et peut souhaiter s'investir.

Biogéothérapie définit un projet de civilisation. Il prend appuie sur la pédologie, sur l'écologie, sur la biologie. Son développement dépendra de politiques liées à la biosphère. Déjà en 1991 Richard Grantham référait au médecin et auteur Van Rensselaer Potter. Potter défendait une perspective environnementale d'une discipline appelée bioéthique et demandait: « comment l'humanité peut-elle atteindre l'année 3000? ». (34, 67) L'agriculture et l'élevage restauratifs/régénératifs, le développement de régénération, sont les outils d'une biogéothérapie. Ils sont des cartes (y compris des cartes mentales) menant l'humanité à l'an 3000 et au-delà. Notre feuille de route pour un avenir désirable.

Pas une semaine ne passe sans que des évènements climatiques ne nous rappellent l'urgence d'agir. Alors que nous écrivons ces lignes l'Inde et le Pakistan connaissent des températures records, 40-60°C. C'est aussi le cas en France. Le Québec vient de connaitre sa canicule la plus précoce de son histoire climatique. Pas une semaine sans qu'un article scientifique ne soit publié soulignant le forçage anthropogénique de l'effet de serre et les risques associés. (7) Certains auteurs ont des vus catastrophiques. Ils soulignent que les boucles de rétroaction positives peuvent nous faire perdre le contrôle de l'enjeu climatique. Que l'inspiration et l'expiration de la biosphère peuvent soudainement s'altérer, un « point de non retour », un *tipping point* peut être atteint. (18) La communauté scientifique est très inquiète. Elle réclame des réponses rapides. Trans-disciplinaire autant que trans-professionnel, la biogéothérapie fondée sur la nature propose des réponses. Elle définit un projet social et naturel pour que les sociétés humaines vivent en harmonie avec la Terre et ses écosystèmes.

Biogéothérapie — les solutions à la crise climatique fondées sur la nature, la vie comme force géologique réfère à des actions ancrées dans la science, à la hauteur de la crise, un projet aux proportions babyloniennes pour la survie de l'humanité sur Terre. Babylonien et nécessaire. Biogéothérapie est une appel. Un appel pour passer de représentations dystopiques de la société future vers un monde désirable. Biogéothérapie est un chemin vers de nouvelles utopies fondées sur la nature, la science, vers des industries écologiques et sociales. De civilisations émettrices de carbone, le temps de civilisations nous conduisant vers 280 ppm dans l'atmosphère est venu. La biogéothérapie nous fait passer de l'anthropocène actuelle vers une anthropocène négative en GES, une 'nanthropocène'. Une ère de restauration climatique s'ouvre. Elle conduit à la Civilisation 280.

L'agriculture, l'élevage et les produits seront régénérateurs et restaurateurs, mais la Civilisation 280 sera, encore pour un temps du moins, une civilisation urbaine. Or les villes modernes ont été construites pour la production manufacturière. Pas pour faire prospérer la nature. Cela doit évoluer. Dans *Les cités jardins de demain*, des villes plus vertes, plus autonomes en aliments furent imaginées par Ebenezer Howard (1850-1928). Si Howard avait lu sur les machines vivantes, sur la biogéothérapie, il aurait été enthousiasmé.

La Civilisation 280 exigera des innovations technologiques et sociales massives, de nouveaux produits bio-sourcés, de nouveaux processus de production. Elle exigera aussi, comme jamais auparavant, de la sagesse. Avant toute la science et les nouvelles pratiques suggérées, la biogéothérapie appelle à une posture: la défense d'un monde souhaitable.

Références

1. Bartoli, M., Giorcelli, M., Jagdale, P., Rovere M. and A. Tagliaferro. 2020. A Review of Non-Soil Biochar Applications. *Materials 13* (261).

2. Bates, A. and K. Draper. 2019. *Burn: Using Fire to Cool the Earth*. Chelsea Green Publishing.

3. Bates, A. 2020. Biochar as a Climate Change Strategy. https://www.youtube.com/watch?v=2B2GQ2FQmWs&t=45s

4. Bayer, P and M. Aklin. 2020. The European Union Emissions Trading System reduced CO_2 emissions despite low prices. PNAS. 8804–8812, vol. 117, no. 16, https://doi.org/10.1073/pnas.1918128117

5. Boivin, P. 15 janvier 2021. Le rôle du carbone en agriculture. Ver de Terre production. https://www.youtube.com/watch?v=917z47-UgzA&t=2s

6. Borchard, N., Schirrmann, M., Cayuela, M.L., Kammann, C., Wrage-Mönnig, N. et al. 2018. Biochar, soil and land-use interactions that reduce nitrate leaching and N_2O emissions: a meta-analysis. *Sci. Total Environ.* 651:2354–64. https://doi.org/10.1016/j.scitotenv.2018.10.060

7. Bradshaw, C.J.A., Ehrlich, P. R., Beattie, A., Ceballos, G. et al. 2021. Underestimating the Challenges of Avoiding a Ghastly Future. *Front. Conserv. Sci.* 1:615419. doi: 10.3389/fcosc.2020.615419

8. Brown, G. 2018. *One Family's Journey into Regenerative Agriculture*. Chelsea Green.

9. Capra, F and G., Pauli. 1995 (Eds.). Steering Business Towards Sustainability, United Nations University Press, Tokyo, New York, Paris. https://archive.unu.edu/unupress/unupbooks/uu16se/uu16se0d.htm

10. Carbon Market Watch, analysis, letters, and documents on their site.

11. Carnegie Council Climate Governance and Governing. 2019. Nature-Based Solutions to Carbon Dioxide Removal. https://www.c2g2.net/wp-content/uploads/c2g_policybrief_NBS.pdf

12. Chen, W. 2019. Inaugural editorial: pioneering the innovation and exploring the future for biochar technology. Biochar 1 (1). https://doi.org/10.1007/s42773-019-00010-9

13. Chestney, N. 27 January 2021. Global carbon markets value surged to record $277 billion last year - Refinitiv. Reuters.

14. Cowie, A., Zwieten, L. Van, Singh, B. P. and R. A. de la Rosa. 2017. Biochar as a strategy for sustainable land management and climate change mitigation. *Proceedings of the global symposium on soil organic carbon,* Rome, Italy:

FAO. http://www.fao.org/documents/card/en/c/d6555d8d-1b19-4c04-a25d-74474e6c0a11/

15. Delannoy, I. 2017. *L'Économie symbiotique*. Paris, Actes Sud.

16. Deluz C, Nussbaum, M.O., Sauzet, K., Gondret, O. and P. Boivin. 2020. Evaluation of the Potential for Soil Organic Carbon Content Monitoring With Farmers. *Front. Environ. Sci*. 8:113. doi: 10.3389/fenvs.2020.00113

17. Dowhower, S, R., Teague, W.R., Casey, K.D., and R. Daniel 2020. Soil greenhouse gas emissions as impacted by soil moisture and temperature under continuous and holistic planned grazing in native tall-grass prairie, *Agriculture, Ecosystems & Environment* Volume 287, 106647

18. Duffy, K.A., Schwalm, C. R., Arcus, V. L., Koch, G. W., Liang, L. L. and L. A. Schipper. 2021. How close are we to the temperature tipping point of the terrestrial biosphere?.

Sci. Adv. 7, eaay1052. https://advances.sciencemag.org/content/7/3/eaay1052

19. Dunne, D. 2018. Six ideas to limit global warming with solar geo-engineering. *Carbon Brief.* https://www.carbonbrief.org/explainer-six-ideas-to-limit-global-warming-with-solar-geoengineering

20. Erickson, C. L. 2008. Amazonia: The Historical Ecology of a Domesticated Landscape. *Handbook of South American Archaeology*. Springer.

21. European Commission. 2019. Going Carbon-Neutral by 2050—A strategic long-term vision for a prosperous, modern, competitive and climate-neutral EU economy. https://op.europa.eu/en/publication-detail/-/publication/92f6d5bc-76bc-11e9-9f05-01aa75ed71a1

22. FAO. 2017. *Soil Organic Carbon: the hidden potential.* Rome, Italy. http://www.fao.org/documents/card/en/c/ed16dbf7-b777-4d07-8790-798604fd490a/

23. Fuss, S. et al. 2018. Negative emissions—Part 2: Costs, potentials and side effects. *Environ. Res. Lett.* 13.

24. Girardin, C. et al. 13 May 2021. Nature-based solutions can help cool the planet—if we act now. *Nature* Vol. 593.

25. Glaser B and J. J. Birk. 2012. State of the scientific knowledge on properties and genesis of Anthropogenic Dark Earths in Central Amazonia (terra preta de Índio). *Geochim. Cosmochim. Acta* 82:39–51, https://doi.org/10.1016/j.gca.2010.11.029

26. Godlewska, P., Schmidt, H. P., Ok, Y. S. and P. Oleszczuk. 2017. Biochar for composting improvement and contaminants reduction. A review. *Bioresour. Technol.* 246:193–202. https://doi.org/10.1016/j.biortech.2017.07.095

27. Goreau, T..J. August 13, 1987. The other half of the global carbon dioxide problem. *Nature* 328, 581-582.

28. Goreau, T..J. 1990. Balancing Atmospheric Carbon Dioxide. *Ambio* pp. 230-236, Springer. https://www.jstor.org/stable/4313702

29. Goreau, T. J. Jan 1, 2014. Letter submitted to the editor, *Science*, Down to Earth Global Warming Solution. RE: Shoemaker et al. 2013. 342:1323-1324. http://www.globalcoral.org/wp-content/uploads/2014/01/down_to_earth_vs_rearranging_-deckchairs.pdf

30. Goreau, T.J., Larson, R. W. and J. Campe. 2015. *Geotherapy — Innovative Methods of Soil Fertility Restoration, Carbon Sequestration, and Reversing CO2 Increase*. CRC Press, 600 pp.

31. Gosnell H, Charnley, S. and P. Stanley. 2020. Climate change mitigation as a co-benefit of regenerative ranching:

insights from Australia and the United States. *Interface Focus* 10: 20200027. http://dx.doi.org/10.1098/rsfs.2020.0027

32. Gosnell, H., Grimm, K., and B. E. Goldstein. 2020. A half century of Holistic Management: what does the evidence reveal?. *Agric Hum Values* 37**,** 849–867. https://doi.org/10.1007/s10460-020- 10016-w

33. Gullickson, G. 6 décembre 2019. Indigo Ag Announces the Terraton Initiative that Pays Farmers for Carbon Sequestration. Successful Farming https://www.agriculture.com/news/crops/indigo-ag-announces-the-terraton-initiative-that-pays-farmers-for-carbon-sequestration

34. Grantham, R. 1992. Geotherapy as evolutionary choice. Global Environmental Change from a talk at Colloquium on

'Modeling and geotherapy for global change'. Lyon 14- 17 May 1991.

35. Grinevald, J. 2008. *La biosphère de l'Anthropocène, Climat et pétrole, la double menace - Repères trans-disciplinaires (1824-2007).* Collection Stratégies énergétiques, biosphère et société. Éd. Georg, Genève, 294 pp.

36. Hagemann, N., Joseph, S., Schmidt H.P. et al. 2017. Organic coating on biochar explains its nutrient retention and stimulation of soil fertility. *Nat Commun 8*, 1089. https://doi.org/10.1038/s41467-017-01123-0

37. Hunter, L. 19 Aug 2014. Why George Monbiot is wrong: grazing livestock can save the world. *The Guardian.*

38. Institute for Applied Ecology. March 2016. How additional is the Clean Development Mechanism? — Analysis of the application of current tools and proposed alternatives.

39. IPCC 2018. *Global warming of 1.5°C. An IPCC Special Report on the impacts of global warming of 1.5°C above pre-industrial levels and related global greenhouse gas emission pathways, in the context of strengthening the global response to the threat of climate change, sustainable development, and efforts to eradicate poverty.* [V. Masson-Delmotte, P. Zhai, H. O. Pörtner, D. Roberts, J. Skea, P.R. Shukla, A. Pirani, W. Moufouma-Okia, C. Péan, R. Pidcock, S. Connors, J. B. R. Matthews, Y. Chen, X. Zhou, M. I. Gomis, E. Lonnoy, T. Maycock, M. Tignor, T. Waterfield (eds.)]. https://www.ipcc.ch/sr15/

40. IPCC. 2019. *Climate Change and Land: an IPCC special report on climate change, desertification, land degradation, sustainable land management, food security, and greenhouse gas fluxes in terrestrial ecosystems.* [P.R. Shukla, J. Skea, E. Calvo Buendia, V. Masson-Delmotte, H.-

O. Pörtner, D. C. Roberts, P. Zhai, R. Slade, S. Connors, R. van Diemen, M. Ferrat, E. Haughey, S. Luz, S. Neogi, M. Pathak, J. Petzold, J. Portugal Pereira, P. Vyas, E. Huntley, K. Kissick, M. Belkacemi, J. Malley, (eds.)]. https://www.ipcc.ch/srccl/

41. Jehne, W. 2017. Walter Jehne: The Soil Carbon Sponge, Climate Solutions and Healthy Water Cycles. Biodiversity for a Livable Climate. https://www.youtube.com/watch?v=123y7jDdbfY

42. Kammann, C., Ippolito, J., Hagemann, N., Borchard, N., Cayuela M. L. et al. 2017. Biochar as a tool to reduce the agricultural greenhouse-gas burden—knowns, unknowns and future research needs. *J. Environ. Eng. Lands. Manag.* 25:114–39. https://doi.org/10.3846/16486897.2017.1319375

43. Kammann, C.I., Schmidt, H-P., Messerschmidt, N., Linsel, S., Steffens, D. et al. 2015. Plant growth improvement

mediated by nitrate capture in co-composted biochar. *Sci. Rep.* 5:11080. https://doi.org/10.1038/srep11080

44. Lal, R. et al. 2004. Soil Carbon Sequestration Impacts on Global Climate Change and Food Security. *Science* 304, 1623. https://www.researchgate.net/publication/8515631_Soil_Carbon_Sequestration_Impacts_on_Global_Climate_Change_and_Food_Security

45. Lehmann, J. and S. Joseph. 2009. *Biochar for Environmental Management—Science, Technology and Implementation.* London: Earthscan.

46. Lewis, S. et al. 18 Oct 2019. Comment on "The global tree restoration potential". *Science* Vol. 366, Issue 6463. eaaz0388 DOI: 10.1126/science.aaz0388

47. Liu, J. 2013. *What if we change - Hope in a Changing Climate*, documentary by the author, https://www.youtube.com/watch?v=6iJKiFSQLn4

48. Liu, S., Zhang, Y., Zong, Y., Hu, Z., Wu, S. et al. 2016. Response of soil carbon dioxide fluxes, soil organic carbon and microbial biomass carbon to biochar amendment: a meta-analysis. *Glob.Change Biol. Bioenergy.* 8:392–406. https://doi.org/10.1111/gcbb.12265

49. Macias-Fauria, M., Jepson, P., Zimov, N. and Y. Malhi. 2020. Pleistocene Arctic megafaunal ecological engineering as a natural climate solution?. *Phil. Trans. R. Soc. B.* 375: 20190122. http://dx.doi.org/10.1098/rstb.2019.0122

50. McGuire, A. April 4 2018. Regenerative Agriculture: Solid Principles, Extraordinary Claims. Washington State University. https://csanr.wsu.edu/regen-ag-solid-principles-extraordinary-claims/

51. Mesly, N. and M. Corniou. 2017. Glyphosate: la fin d'un règne?. *Québec Science* https://www.quebecscience.qc.ca/environnement/glyphosate-la-fin-dun-regne/

52. Michaelowa, A., Shishlov, I., Hoch, S., Bofill, P. and A. Espelage. 2019. Overview and comparison of existing carbon crediting schemes. Nordic Environment Finance Corporation (NEFCO), Perspectives Climate Group GmbH.

53. Minasny, B. et al. 2017. Soil carbon 4 per mille. *Geoderma* 292, 59–86. doi: 10.1016/j.geoderma.2017.01.002

54. Minx, J.C. et al. 2017. Fast Growing Research on Negative Emissions. *Environ. Res. Lett.* 12

55. Minx, J. C. et al. 2018. Negative emissions—Part 1: Research landscape and synthesis. *Environ. Res. Lett.* 13. https://doi.org/10.1088/1748-9326/aabf9b

56. Montgomery, D. 2008. *Dirt: the Erosion of Civilisations*. University of California Press.

57. Montgomery, D. 2017. *Growing a Revolution — Bringing our Soil Back to Life*. W.W. Norton and Company.

58. Mosier, S, Apfelbaum, S., Bück, P., Calderon, F., Teague, R., Thomson, R. and F. Cotrufo. 15 June 2021. Adaptive multi-paddock grazing enhances soil carbon and nitrogen stocks and stabilization through mineral association in southeastern U.S. grazing lands. *Journal of Environmental Management*

59. Myers, N., and T. J. Goreau. 1991. Tropical forests and the greenhouse effect: A management response. *Climatic Change 19: 215-26.*

60. NASDAQ. 2022. *Puro Index Launch, Carbon Removal Reference Price Indexes: Market Data.*

61. National Academies of Sciences, Engineering, and Medicine. 2019. *Negative Emissions Technologies and Reliable Sequestration: A Research Agenda*. Washington, DC: The National Academies Press. https://doi.org/10.17226/25259.

62. Nemet G.F. et al. 2018. Negative emissions—Part 3: Innovation and upscaling. *Environ. Res. Lett.* 13.

63. Olhson, C. 2014. *The Soil Will Save Us.* Rodale Books.

64. OXFAM. 2020. *Removing Carbon Now — How can companies and individuals fund negative emissions technologies in a safe and effective way to help solve the climate crisis?.* OXFAM discussions papers, Sweden. https://oxfamilibrary.openrepository.com/bitstream/handle/10546/621034/bp-carbon-removal-now-190820-en.pdf?sequence=4&isAllowed=y

65. Peng, X., Deng, Y., Peng, Y. and K. Yue. 2018. Effects of biochar addition on toxic element concentrations in plants: a meta-analysis. *Sci. Total Environ.* 617:970–77. https://doi.org/10.1016/j.scitotenv.2017.10.222

66. Paustian, K., Lehmann, J., Ogle, S., Reay, D., Robertson, G.
P. and P. Smith. 2016. Climate-smart Soils. *Nature* 49-57.
https://doi.org/10.1038/nature17174

67. Potter, V.R. 1990. Getting to the year 3000: Can global
bioethics overcome evolution's fatal flaw?. *Perspectives in
Biology and Medicine* 34, 89-98.

68. Puro.earth. April 3 2021. Carbon Removal Methods
Puro.earth CO_2 Removal Certificates or CORCs, are based
on science-based quantification methodologies that remove
CO_2 at an industrial scale. https://puro.earth/methodologies/

69. Rathi, A. January 21 2020. Climate Adaptation—Trees
Aren't the Simple Climate Solution They Seem to Be.
Bloomberg Green.

70. Retallack, G. J. 2013. Global Cooling by Grassland Soils of
the Geological Past and Near Future. *Annu. Rev. Earth*

*Planet. Sc*i. 41:69–86. doi: 10.1146/annurev-earth-050212-124001

71. Retallack, G.J. 2014. *The Once and Future Global Cooling: Lessons from Prehistory* video From Biodiversity for a Livable Climate conference « Restoring Ecosystems to Reverse Global Warming ». https://youtu.be/g5wbAyVryis

72. Robin, M-M. and S. Morand. 2021. *La fabrique des pandémies.* Paris, La découverte.

73. The Royal Society, Royal Academy of Engineering. 2018. *Greenhouse Gas Removal.* United Kingdom, royalsociety.org/greenhouse-gas-removal raeng.org.uk/greenhousegasremoval

74. Rowntree J.E., Stanley, P.L., Maciel, I.C.F., Thorbecke, M., Rosenzweig S.T. et al. 2020. Ecosystem Impacts and Productive Capacity of a Multi-Species Pastured Livestock

System. *Front. Sustain. Food Syst.* 4:544984. doi: 10.3389/fsufs.2020.544984

75. Ruddiman, W. 2005. *Plows, Plagues and Petroleum—How Human Took Control of Climate*. Princeton University Press.

76. Savory, A. 2013. *The Grazing Revolution—A Radical Plan to Save the Earth transcript of a TED Talk*, Long Beach, California.

77. Scheub, U., Peiplow, H., Schmidt H-P, and K. Draper. 2016. *Terra Preta—How the World's Most Fertile Soil Can Help Reverse Climate Change and Reduce World Hunger,* David Suzuki Institute. Greystone Books. 211 pp.

78. Schmidt, H-P. et al. 2019. Pyrogenic carbon capture & storage (PyCCS). *Glob. Change Biol. Bioenergy.* 19:11:573–59. DOI: 10.1111/gcbb.12553

79. Schwartz J.D. 2013. *Cows Save the Planet, and Other Improbable Ways of Restoring Soil to Heal the Earth—*

Rethinking Climate Change, Bringing Back Biodiversity, and Restoring Nutrients to our Food. Chelsea Green.

80. Schwartz, J.D. 2014. Soil as Carbon Storehouse: New Weapon in Climate Fight?. *Yale Environment 360.* https://e360.yale.edu/features/soil_as_carbon_storehouse_new_weapon_in_climate_fight

81. Schwartz, J.D. 2016. *Water in Plain Sight.* St. Martin Press Book.

82. Schwartz, J.D. 2020. *The Reindeer Chronicles — And Other Inspiring Stories of Working with Nature to Heal the Earth.* Chelsea Green.

83. Scott, M. Spring 2021. *Briefing: Transitioning to a Net-Zero Economy*. Reuters.

84. Shepard, M. 2016. *L'agriculture de régénération*. Imagine un colibri.

85. Shrestha, B. M. et al. 2020. Adaptive Multi-Paddock Grazing Lowers Soil Greenhouse Gas Emission Potential by Altering Extracellular Enzyme Activity. *Agronomy* 10 (11): 1781. https://doi.org/10.3390/agronomy10111781

86. Soil4climate. 2022. *Hope Below Our Feet: Publication Compendium on Well-Managed Grazing as a Means of Mitigation Global Warming*, https://docs.google.com/document/d/1QR9Xk3aq3soidmob6nS9PMstKcllmRlgpaVDyFzRkwY/edit

87. Steiwer, N. 1 0ct. 2020. Fragilisé par Monsanto, Bayer sabre ses dépenses et ses effectifs. *Les Échos*.

88. Taylor, P. 2010. *The Biochar Revolution—Transforming Agriculture and Environment*. Global Publishing Group. 361 pp.

89. Teague, W.R. et al. 2016. The role of ruminants in reducing agriculture's carbon footprint in North America. *Journal of soil and water conservation 71* (2), 156-164. DOI: https://doi.org/10.2489/jswc.71.2.156

90. Teixeira, W.C., Kern, D. C., Madari, B. E., Lima H. N. and W. Woods. 2009. *As terras pretas de Indio da Amazônia: sua caracterização e uso deste conhecimento na criação de novas areas*. Manaus Embrapa Amazônia Ocidental. 420 pp., http://www.alice.cnptia.embrapa.br/alice/handle/doc/684554

91. Tickell, J. 2017. *Kiss the Ground—How the Food you Eat Can Reverse Climate Change, Heal Your Body and Ultimately Save our World*. Atria/Enliven Books.

92. Tickell, J., Tickell, R. H., Engelhart, R., Fisher, D., and B. Benenson. 2020. Kiss the Ground, Netflix documentary. United States. Big Picture Ranch.

93. Todd, J. 2019. *Healing Earth: An Ecologist's Journey of Innovation and Environmental Stewardship.* North Atlantic Books.

94. Toensmeier, E. 2016. *The Carbon Farming Solution—A Global Toolkit of Perennial Crops and Regenerative Agriculture, practices of Climate Change Mitigation and Food Security.* Chelsea Green Publishing, 480 pp.

95. UNFCCC, CDM Report. 2018, Achievements of the clean development mechanism—harnessing incentive for climate action 2001-2018.

96. Veldman, J. et al. October 18, 2019. Comment on "The global tree restoration potential". *Science Vol. 366*, Issue 6463, eaay7976, DOI: 10.1126/science.aay7976

97. Voisin, A. 2018a. *Productivité de l'herbe.* Éditons France Agricole, Paris, ré-édition dirigée par Mathieu Archambeaud.

98. Voisin, A. 2018b. *Dynamique des herbages*. Éditons France Agricole, Paris, ré-édition dirigée par Mathieu Archambeaud.

99. Wang, J., Z. Xiong, and Y. Kuzyakov. 2015. Biochar stability in soil: meta-analysis of decomposition and priming effects. *Glob. Change Biol. Bioenergy.* 8:512–23, https://doi.org/10.1111/gcbb.12266

100. Werner, C., Schmidt, H-P., Gerten, D., Lucht, W. and C. Kammann. 2018. Biogeochemical potential of biomass pyrolysis systems for limiting global warming to 1.5°C. *Environ. Res. Lett.* 13:044036. DOI: 10.1088/1748-9326/aabb0e

101. White, C. 2014. *Grass, Soil, Hope—A Journey into Carbon Country*. Chelsea Green.

102. Woods, W. I., Rebellato, L., Teixeira, W. G. , and N. P. S., Falcao. March 21 2009. *Global Challenge, Local Action:*

Ethical Engagement, Partnerships, and Practice. The Society for Applied Anthropology 69th Annual Meeting. Santa FE, NM. https://ainfo.cnptia.embrapa.br/digital/bitstream/item/186623/1/S8639.pdf

103. Woolf, D., Amonette, J., Street-Perrott, F. A., Lehmann, J. and S. Joseph. 2010. Sustainable biochar to mitigate global climate change, *Nat. Comm.* https://doi.org/10.1038/ncomms1053

104. Yong, E. November 18 2019. What American lost when it lost the bison. *The Atlantic* https://www.theatlantic.com/science/archive/2019/11/how-bison-create-spring/602176/

105. Zwick, S. 11 February 2022. Where Does Healthy Critique End and Cynical Denial Begin?, *Ecosystem Marketplace*.

106. Zwick, S. 2 February 2022. Six Lessons from the History of Natural Climate Solutions, *Ecosystem Marketplace*.

107. Zwick, S. 1 February 2022, Will Coverage of Climate

Solutions Suffer the Same Fate as Coverage of Climate

Science?, *Ecosystem Marketplace*.

16 février 2016

Le fait que tous les pays du monde y compris la Chine et les États-Unis aient signé l'Accord de Paris, que la nouvelle ambition soit fixée à moins de 2° C, sont des progrès significatifs. Mais parmi les victoires de la COP 21, il y a la reconnaissance 'd'une arme secrète pour lutter contre les changements climatiques': le rôle que les sols peuvent jouer dans l'inversion du réchauffement.

Plusieurs le pensent: la gestion du contenu en carbone des sols est la seule chance de prendre sérieusement le contrôle du cycle du carbone. Non seulement le carbone peut être un puits pour la séquestration du carbone en excès dans l'atmosphère et dans les océans, mais la majorité des sols de la planète ont un besoin criant de carbone pour regagner leur vitalité. Dans le monde 50-70% du C dans les sols a été perdu par le labour et l'utilisation de procédés agricoles industriels. La photosynthèse par les arbres et les plantes est une gigantesque machine à séquestrer le carbone, prête à l'usage. Rendre les sols fertiles, rétention de l'eau, réduction des besoins en engrais inorganiques: l'agriculture à base de carbone est une solution gagnante-gagnante-gagnante. Elle génère une cascade de bienfaits.

Quelques individus — peu nombreux — ont pointé du doigt les possibilités de la séquestration par les sols depuis longtemps. Dans *Nature* en 1987 le Dr. Thomas Goreau écrivait: « Sortir du problème de l'effet de serre par la gestion des terres, est, à long terme, l'option la meilleure marché, et elle a de nombreux avantages. » En effet, en plus de contrôler le réchauffement climatique, ces avantages incluent la fertilité des sols et leur productivité, la maîtrise de la pollution par les engrais inorganiques, la maitrise de l'érosion des sols, des climats locaux plus tempérés grâce à de meilleures couvertures végétales. En 2015, Goreau à été le co-éditeur et le co-auteur de *Geotherapy: Innovative Methods of Soil Fertility Restoration, Carbon Sequestration, and Reversing CO$_2$ Increase.*

Contrôler le cycle du carbone grâce aux sols: l'idée est facile à comprendre. Mais la dimension du projet est pharaonique. Et créera des millions d'emplois. Tout ce que la santé des sols peut faire pour l'humanité a enfin reçu une reconnaissance à la COP 21. Le premier décembre une déclaration d'intention, le « 4 grammes par 1000 grammes » a été signé par 25 pays et 50 organisations de la société civile. Promu par le ministre français de l'Agriculture et des Forêts, Stéphane Le Föll, le 4p1000.org

dit que l'on peut remettre dans les sols ce que nous émettons en

GES chaque année — et cesser d'augmenter les GES dans

l'atmosphère et les océans. Combiné à une réduction massive

des émissions, nous pouvons même sortir de la crise climatique.

Les sources doivent être réduites, massivement, mais des puits

de carbone sont tout aussi nécessaires.

« Cela change tout puisque le carbone des sols est désormais au

centre de la gestion du changement climatique » déclarait André

Leu, le président l'IFOAM Organics International, la plus

grande association d'agriculteurs et de producteurs bio du

monde. Il poursuivait en disant: « Je suis stupéfait. Après toutes

ces années à défendre ceci et à être la seule voix à l'horizon sur

le sujet, ça a démarré si rapidement. C'est maintenant soutenu

par de nombreux pays et des institutions clefs. » Et de

poursuivre: « L'Accord de Paris nous donne des mécanismes pour inverser le changement climatique par les plans d'actions décidés par les États (INDC). Le vrai travail commence maintenant par le développement d'INDCs qui, non seulement arrêtent les émissions, mais retirent des GES de l'atmosphère. La France démontre un leadership formidable avec l'initiative '4 pour 1000'. Nous vivons un moment véritablement historique pour la planète. »

L'agriculture à base de carbone, l'agriculture régénératrice, la gestion par la restauration des sols, la gestion holistique des pâturages… ce nouveau vocabulaire réfère à une réforme nécessaire et urgente de l'agriculture et de l'élevage pour restaurer la Biosphère. La bataille contre la crise climatique conduira certainement l'humanité vers une économie à faible empreinte carbone basée sur les énergie renouvelables. Mais de façon tout aussi significative, elle pourrait nous mener à une deuxième révolution verte en agriculture. Cette révolution donnera à la biologie la place qu'elle doit avoir dans la production alimentaire et la gestion des terres, pour l'épanouissement de la vie et de l'humanité. Ce changement de paradigme va donner naissance à une biogéothérapie défiant le complexe agro-industriel. Il mettra la toile de vie des sols, et l'intérêt général, au centre des discussions. À Paris, nous sommes entré dans l'âge des sols, et son expression politique, la diplomatie des sols.

Annexe II : Bio-mimétisme: apprendre de la nature

18 février 2018

À répétition la nature montre qu'elle prospère sur des principes issus de 3.4 milliards d'années d'évolution. Des principes largement inconnus de l'humanité jusqu'à récemment. 3.4 milliards d'années: 1700 fois l'expérience de l'humanité. C'est beaucoup d'évolution, beaucoup de petits ajustements. En agriculture notre manque de science, a mené les fermiers, pendant des milliers d'années, à labourer. Ces labours exposent les sols, combinent le carbone et l'oxygène, produisent du CO_2, détruisent les sols par oxydation du carbone. Au point de transformer les sols en de vulgaires poussières et en déserts. Nous devons stopper ce processus. Nous devons même l'inverser sans quoi l'humanité n'a aucun avenir. En ouvrant le grand livre de la nature, le bio-mimétisme peut nous aider dans cette immense quête.

La désertification est une invention de l'humanité. Dans son livre remarquable, *Dirt: the Erosion of Civilisations*, le géomorphologiste David R. Montgomery, explique comment les sols sont devenus poussières. Tout d'abord autour de la région dite du croissant fertile, et, se déplaçant vers l'ouest, en labourant un kilomètre par année jusqu'en Europe de l'Ouest, jusqu'en Angleterre, en Virginie, et, poursuivant vers l'Ouest, jusqu'en Californie 10'000 ans plus tard.

Les sols sont fragiles. Certains plus que d'autres. Mais leur oxydation par les fermiers suit un modèle. Que nous savons désormais éviter. Mieux nous savons maintenant inverser la dégradation des sols, nous savons construire de nouveaux sols, comment faire croître la fertilité. Nous devons inverser ce que Edward H. Faulkner a appelé dans son livre en 1943, la folie du laboureur, *Plowman's Folly*. Un livre contenant cette déclaration en avant sur son temps, en avance sur la permaculture: « La vérité est que personne n'a jamais avancé une raison scientifique au labour. »

Aujourd'hui la révolution par la régénération introduit la science en agriculture. Non pas par la sélection des plantes comme l'ont fait nos ancêtres, ou en faisant se reproduire les animaux les plus forts, mais par une compréhension et un travail scientifique des sols, par la reconnaissance que le carbone est au coeur des sols vivants, au centre de la durabilité, de la profitabilité en agriculture.

Le labour uniforme a été présenté comme une manière de faciliter les semis, de combattre les mauvais herbes, ou même, de permettre aux sols de respirer. Mais le labour n'existe pas dans la nature. Les sols n'y sont jamais à nu. La nature n'expose jamais les sols au soleil, au vent ou à la pluie. Dans une forêt le soleil et la pluie sont absorbés, ralentis, intégrés. Les résidus de bois nourrissent les sols, retiennent l'humidité. La matière organique des sols, incluant son carbone, génèrent des sols vivants. Tout ce qui brise/retourne les sols détruit l'écosystème fondé sur le carbone que nous devrions au contraire protéger et nourrir.

Dans les prairies, les savanes, et les terres arides, les sols étaient autrefois nourris par les fumiers des animaux sauvages. Ces derniers se nourrissaient d'herbages. Ils travaillaient également les sols avec leurs sabots créant de petites poches de rétention et d'infiltration de l'eau. Les troupeaux nourris à l'herbe transforment les protéines des fourrages en chaire, et en fumier, un engrais naturel générateur de vie dans les sols. Et augmentant leur taux de carbone. Les animaux nourris au fourrage gérèrent leur propre nourriture grâce aux sols dont ils activent la biologie, la chaîne trophique. En d'autres mots, les sols issus des prairies, des savanes, des terres arides, et les troupeaux d'animaux, certains se comptant en millions, ont évolué ensemble. Avant l'intervention de l'humanité ces écosystèmes à base de carbone fonctionnaient en boucles fermées constituées d'éléments et de principes. Des mécanismes aujourd'hui mieux compris.

Sur presque toute la planète, les bousiers transportent le fumier en profondeur dans les sols. Les verres et les autres insectes y effectuent la même tâche en régions nordiques. Les insectes transportent la biomasse, et le biochar, en profondeur dans les sols, les rendant vivants et fertiles. Nourris par les animaux et la biomasse, les insectes alimentent les sols, leurs bactéries et leurs champignons mycorhiziens. Ils nourrissent la vie microbienne.

Cette vie sous-terre est complexe, mais nous pouvons comprendre ses principes de base, et apprendre d'eux. Les racines des plantes échangent (exsuder) du carbone de l'atmosphère contre des minéraux et des nutriments. En réalité du sucre ou des glucides contre des nutriments et des minéraux, échangés autour du système racinaire, la rhizosphère. Le procédé crée de la glomaline, une substance noire riche en carbone, nourricière de microbes autour des racines. Un système fermé sans déchets, récoltant l'énergie du soleil et le carbone de l'atmosphère. Ces interactions produisent ce que le scientifique Russe, Vladimir Vernadsky, a appelé la biosphère, des éléments et des flux transformés en vie. Des éléments et des flux en équilibre, avant que l'humanité ne devienne une force perturbatrice à l'origine d'une biosphère anthropogénique appauvrie.

En réalité la désertification est une invention de l'humanité. La plupart des déserts que nous connaissons ne sont pas apparus naturellement. À l'époque ou vivaient des troupeaux de la méga-faune, des animaux, par millions — et par milliards si nous parlons des chiens de prairie en Amérique du Nord — nourrissaient les sols. Ils transformaient les fourrages en fumier pour nourrir les sols comme les résidus de bois construisent les sols en forêt pour créer une matière organique de sols aérés (et contenant du carbone). Des sols bien ameublis dont la structure se compare à du couscous. On parle de l'humus. Les seuls pays jouissant aujourd'hui d'une méga-faune importante sont en Afrique. L'Amérique du Nord perd ses derniers ours grizzly avec la disparition de leur habitat. La disparition d'immenses troupeaux issus d'une co-évolution avec les sols comme les bisons en Amérique du Nord pourrait être la première étape du déséquilibre du cycle du carbone et donc du réchauffement climatique. C'est la thèse défendue par William F. Ruddiman dans « Anthropogenic Greenhouse Era Begun Thousands of Years Ago », un article publié dans *Climatic Change*. La confirmation de cette hypothèse pourrait prendre du temps, de même que l'explication, du moins dans le détail, de l'évolution de la biosphère. Pourtant ces recherches nous donnent des indices précieux sur comment ces sols riches en carbone ont commencé leur désintégration.

Imiter la nature devient une science en soit. Selon la Biomimicry Institute, « le bio-mimétisme est une approche à l'innovation recherchant des solutions durables aux défis humains, émulant des modèles et des stratégies testés dans le temps par la nature. »

Ceux qui travaillent dans ce secteur à la fine pointe, posent des questions comme: « comment la nature repousse ou retient l'eau? » ou « comment les sols se sont-ils formés? ». Les réponses sont étonnantes. Les découvertes modifient comment l'agriculture sera pratiquée à l'avenir, et, espérons-le, modifieront rapidement les politiques agricoles.

Superstar parmi l'agriculture à base de carbone, Gabe Brown explique comment ses 5000 acres peuvent aujourd'hui retenir autant d'eau que le réservoir Hubbard à proximité. En vingt ans, il a multiplié par vingt le contenu en carbone de ses sols. Tout effort visant à faire un meilleur usage de l'eau de pluie doit se concentrer sur les niveaux de carbone. Une experte en bio-mimétisme, Janine Benyus affirme, « notre démarche ne vise pas à apprendre sur le monde naturel, mais à apprendre du monde naturel. » Ce nouvel état d'esprit a d'immenses conséquences pour l'agriculture: intellectuelles, mais également

pour la survie de notre espèce. En agriculture nous savons

aujourd'hui faire ce qu'a réussi Gabe Brown faisant passer le

niveau de carbone de ses sols de moins de 1% à plus de 10%.

Sauf que nous pouvons obtenir ces améliorations, et les niveaux

de rentabilité financière qu'elles permettent, beaucoup plus

rapidement.

En agriculture, bio-mimétisme signifie croissance de la fertilité

des sols. L'inverse de ce que nous avons fait depuis des milliers

d'années. La vie crée les conditions propices à la vie, donc un

sol vivant génère plus de vie en surface. Ce que nous avons

appris ces dernières années est parfois contre-intuitif. C'est le

cas de la gestion holistique des pâturages. Inspiré des écrits

d'André Voisin, et par sa propre expérience, Allan Savory

enseigne que le sur-pâturage est fonction de la durée du

pâturage, et non de la densité d'animaux présents. Le temps

passé au même endroit par les animaux cause le sur-pâturage, et

non le nombre d'animaux sur une parcelle.

Que signifie cette découverte? Avant l'arrivée des Européens, et

de leurs clôtures, les ruminants se déplaçaient en de grands

troupeaux sur des millions d'acres, poussés par les prédateurs.

Aujourd'hui les troupeaux sont gardés entre des clôtures,

confinés. Et les prédateurs ont disparus. Mais le mouvement des

animaux évitant le sur-pâturage, peut être répété par les fermiers

et les ranchers. Substitut aux anciens troupeaux, les bovins

laissés à eux-même ne vont pas faire le travail… L'éleveur doit

déplacer les troupeaux en imitant l'ancien modèle de la nature,

évitant de les laisser au même endroit trop longtemps. Les

herbages dans les prairies/les savanes/les terres arides, sans

pâturages vont s'oxyder et se transformer en déserts. Augmenter le nombre d'animaux, et non le réduire, fait partie des solutions pour inverser le réchauffement climatique. Une solution totalement contre-intuitive.

Gestion holistique des pâturages et augmentation du nombre d'animaux, élever le taux de carbone dans les sols, ne jamais laisser les sols à nu… des principes aux conséquences extraordinaires. La nature est comme un grand livre que nous commençons à peine à savoir lire. L'agriculture de régénération, le biochar, l'usage de plantes vivaces, les plantes de couverture: autant de nouveaux outils pour une agriculture scientifique à base de carbone. L'humanité commence à peine à mesurer combien puissants sont ces outils. Nous sommes aujourd'hui pleinement équipés pour inverser le réchauffement climatique, tout en pouvant nourrir l'humanité mieux que jamais. Le temps est peut-être venu pour un message optimiste. Optimiste mais prudent, reconnaissant nos déficiences scientifiques du passé,

mais également, nos progrès spectaculaires récents.

<u>**Annexe III**</u> **: Elon Musk vs le développement de régénération**

9 juillet 2019

Les questions entourant les choix de développement sont comme
les questions philosophiques: elles n'ont jamais une réponse
finale. Le Modèle S de Tesla est une merveille, mais si chaque
Chinois adulte devait en posséder une, la mobilité dans les villes
chinoises serait terrible. L'automobile n'est pas particulièrement
pertinente en ville si vous recherchez un urbanisme vivable,
agréable au quotidien. Alors lorsqu'un milliardaire veux définir
le développement et le progrès, nous devrions bien écouter.
Surtout lorsque la personne est intelligente, instruite, considérée
génial, et qu'elle a un fan club.

Pendant des années j'ai visionné des vidéos d'Elon Musk sur YouTube. Il possède une culture d'ingénieur et scientifique remarquable. Ses succès en affaire imposent l'admiration de tous les entrepreneurs, de quiconque s'inquiète pour notre environnement. L'atterrissage simultané de deux propulseurs du SpaceX Falcon Heavy au Centre Spatial Kennedy résume un sentiment: Musk et ses compagnies sont un grand WOW!

Mais ce WOW ne devrait pas nous empêcher de questionner ses vues sur comment aborder différentes crises. Le personnage est un véritable 'influenceur'. J'ai une dichotomie dans mon appréciation de Musk. Ou disons une interrogation: pourquoi Musk ne parle-t-il pas de technologies à émissions négatives, de sols en santé pour inverser le réchauffement planétaire, de 'solutions naturelles à la crise climatique.' Nous n'allons pas sortir de cette crise uniquement par 'la tech'. La nature, la biosphère en entier doivent être considérées.

La biologie doit être estimée à sa juste valeur. La biomasse comme solution naturelle au climat est la prochaine grande révolution dont nous avons besoin. Le solaire, les voitures électriques et les autres technologies à faibles émissions de carbone, vont dans la bonne direction. Mais ils ne suffiront pas. 300 milliards de tonnes de carbone/1000 milliards de tonnes de dioxyde de carbone ($GtC/GtCO_2$) doivent être extraites de l'atmosphère et des océans. SolarCity, Tesla et SpaceX ne vont pas faire ce travail.

Biogéothérapie: une nouvelle génération de militants

Bien qu'Elon Musk soit plus jeune que moi, il représente, déjà, une génération d'écologistes plus âgés. Les panneaux solaires et les véhicules électriques sont des rêves de cette première génération d'écologistes/d'environnementalistes. Je sais, j'ai travaillé pour l'un d'eux. Le professeur Ivo Rens a créé le premier cours sur l'écologie politique en 1972 à l'Université de Genève. L'énergie propre était un grand sujet, avec des questionnements sur la croissance et la société de consommation, la pollution.

Ces technologies deviennent maintenant réalité. Bien qu'elles soient encore à une échelle relativement petite, le solaire et les véhicules électriques présentent une courbe de croissance exponentielle et même logarithmique — ce qui implique qu'elles peuvent s'imposer très soudainement. Mais ce qu'Elon Musk ne dit pas, c'est que même si l'humanité fait la transition vers la mobilité électrique, même si la conversion énergétique aux énergies renouvelables est un succès, même si les principes de l'écologie industrielle sont appliqués, il ne peut y avoir de stabilisation du climat sans une séquestration massive du carbone. La paléo-climatologie le dit. Nous ne pouvons sortir de cette impasse sans les technologies à émissions négatives/les solutions naturelles à la crise climatique. Ces approches incluent l'agriculture sans labours combinée à l'utilisation de plantes de couverture, la gestion holistique des pâturages, le biochar, la re-minéralisation des sols, la régénération des mangroves, le reboisement et quelques autres stratégies.

L'autre moitié négligée par Elon

L'autre moitié de la solution à la crise climatique ne peut être ignorée. Ces stratégies naturelles et négatives en carbone sont accessibles et couvrent les besoins de base alimentaire et d'eau des pauvres dans les pays en développement. La gestion holistique des pâturages a montré des résultats spectaculaires en Afrique et dans le monde, le biochar a augmenté les récoltes de 30 à 300 pour cent sur différentes récoltes en Australie, au Népal, au Belize, au Canada dans Territoire du Nord Ouest en passant par le Yukon.

Les solutions inspirées du bio-mimétisme n'aident pas uniquement à inverser le réchauffement planétaire, elles nourrissent les gens, elles offrent des revenus supplémentaires. Bien que les deux approches — celle de l'énergie renouvelable et des sols en santé — sont complémentaires, et nécessaires, je ne suis pas certain de partager le rêve d'Elon Musk d'aller sur Mars. Les années soixante sont passées. Avoir nos priorités claires est un grand défi au moment ou l'humanité détient de tels pouvoirs techniques. Malgré ses réalisations impressionnantes, je ne souhaite pas qu'Elon Musk 'sur-influence' nos priorités. Celles-ci devraient inclure les avantages, nombreux, d'une justice environnementale propre à l'élevage et l'agriculture de régénération, au développement de régénération.

PS. Comme vous l'avez lu ci-dessus, depuis la rédaction de ce blog, Elon Musk a lancé une compétition XPrize pour l'extraction et la séquestration de dioxyde de carbone. Il s'agit d'un effort spectaculaire. Mais certains un peu agacés ont présenté un simple arbre comme solution CDR, manifestant un agacement à l'idée que les solutions doivent encore être trouvées. Les solutions fondées sur la nature sont prêtes pour

usage immédiat et elles sont gagnante-gagnante-gagnante.

<u>**Annexe IV**</u> **: Certification régénératrice biologique, un outil pour une biogéothérapie**

2 août 2020

En 2018 une organisation sans buts lucratifs californienne —
formée de l'Institut Rodale, Dr. Bronner, et, de Patagonia Inc —
inaugurent Regenerative Organic Certification. La certification
assure le bien-être animal, l'équité sociale en plus de la santé des
sols. Les agriculteurs doivent, au préalable, être certifiés
biologique pour appliquer. La norme mesure à la fois les
pratiques et les résultats pour la santé des sols. Elle va « au-delà
du bio », ses buts militent pour une biogéothérapie.

Un document publié en juin 2020, *Framework for Regenerative
Organic Certified* inclut les directives pour la santé des sols et la

gestion des terres, pour le bien-être animal, et, le traitement équitable des agriculteurs et des travailleurs. L'organisation écrit:

« Alors que les pratiques agricoles évoluent, il est impératif que les approches de gestion des terres et les processus associés, contribuent à la santé des écosystèmes et des communautés humaines. Regenerative Organic Certified™, construit sur et poursuit l'héritage presque centenaire des visionnaires du mouvement pour le bio comme J. I. Rodale, Lady Eve Balfour, Dr. Rudolf Steiner, Sir Albert Howard, et sur le savoir de générations de producteurs holistiques divers — incluant les Premières Nations — dont ils se sont inspirés pour donner une direction au mouvement. »

La durabilité en pratique

L'agriculture biologique permet aux hommes, aux sols et aux animaux d'éviter l'empoisonnement. La régénération, elle, vise à inverser la désertification, la production d'une alimentation saine à long terme, l'inversion du réchauffement climatique, la guérison de la Terre et le traitement équitable des travailleurs.

Écrit pour la Conférence de Rio sur le climat, le rapport Brundtland appelait, on s'en souvient, à un modèle de développement pouvant satisfaire les besoins des générations actuelles tout en préservant des ressources pour celles à venir. Or le rapport n'a jamais défini clairement comment; ce qu'il voulait dire dans un contexte de dégradation des ressources. Trente ans plus tard, l'agriculture et le développement de régénération, les solutions fondées sur la nature, constituent cette définition dont nous avons un besoin urgent.

Le but de ROC est de promouvoir des pratiques agricoles holistiques avec une certification à plusieurs facettes qui:

- Augmente la matière organique des sols dans le temps et séquestre du carbone sous et au-dessus des terres, ce qui pourrait être un outil pour la mitigation du changement climatique;
- Améliore le bien-être animal;
- Permet une stabilité économique et une équité aux fermiers, aux éleveurs, et aux travailleurs.

ROC, l'ultime label?

Si certains peuvent souffrir 'd'une fatigue des labels', ou souffrir d'une confusion, on pourrait défendre l'idée que la régénération est et restera l'ultime label. Il pourrait évoluer, s'améliorer, mais être régénérateur c'est être durable. C'est précisément ce dont nous avons besoin pour l'humanité et pour le bien de la nature: des sols en santé, des animaux en santé, des humains en santé. Une planète en santé avec un budget carbone équilibré à 280 ppm dans l'atmosphère, des sols agricoles en santé, des prairies et des forêts en santé, des écosystèmes côtiers et marins végétalisés emmagasinant le 'carbone bleu'.

Dans quelle mesure la certification biologique-régénératrice est-elle nouvelle? Les pratiques régénératrices rejettent les pratiques agricoles industrielles comme les CAFOs (ces installations pour l'alimentation intensive d'animaux), les utilisations d'engrais et de produits phytosanitaires chimiques. Ce que le biologique fait déjà. Au-delà du biologique, la régénération implique des pratiques fondées sur la science avec une compréhension poussée du fonctionnement de la vie des sols, du bien-être animal et du traitement équitable des travailleurs.

Ces principes ont des implications au-delà des meilleures pratiques actuelles. Ils définissent des solutions climatiques, rendent possible le développement durable. La régénération va au-delà de l'économie circulaire; ces pratiques amènent nos économies vers un équilibre carbone, vers une biogéothérapie. Vers une économie mondiale au bilan carbone maitrisé. Une humanité trouvant sa place dans la nature. En l'imitant.

<u>**Annexe V**</u> : ***Kiss the Ground*, un documentaire pour l'histoire?**

20 septembre 2020

Il y eut le livre que nous avons lu avec un grand intérêt, et, le documentaire. *Kiss the Ground*, le documentaire (Netflix), connaitra-t-il le même destin que *Printemps Silencieux* de Rachel Carson ou le rapport Brundtland, *Notre avenir à tous* pour la littérature environnementale? C'est possible. Ce documentaire a le potentiel d'un succès historique.

C'est un travail remarquable, parfaitement dit et construit. Robuste scientifiquement, mais pas écrasant. Nous pouvons ressentir la passion de l'équipe, mais également, sept ans de travail. Le documentaire explique les problèmes immenscs auxquels nous faisons face, il offre une perspective historique, explique les raisons. Mais plus important il offre des solutions.

Le labour a détruit la vie dans les sols, et, émis du carbone, beaucoup de carbone, dans l'atmosphère. La 'charge de carbone dont nous héritons' doit être inversée, réintroduite dans les sols auxquels le carbone appartient. La mécanisation a accéléré le processus de dégradation, la chimie augmenté temporairement la production, mais empoisonné la vie. Les engrais chimiques masquent les effets de la dégradation. Cette situation ne peut se perpétuer. La FAO affirme qu'il nous reste 60 récoltes; les sols se transforment en poussière. Suspecté d'augmenter les maladies chroniques, le glyphosate est partout dans l'eau.

Les deux-tiers de la Terre se transforme en désert. Déprimant. Mais la déprime est précisément ce que *Kiss the Ground* se propose de contrer. Les co-directeurs Rebecca et Josh Tickell envoient un message d'espoir: l'agriculture de régénération peut inverser la désertification, inverser le réchauffement planétaire, sortir les gens de la pauvreté. Plusieurs de nos héros dans ce blog sont du film: l'agronome Ray Archleta du NRCS, le fermier du Nord Dakota Gabe Brown, Alan Savory et le pâturage planifié, la scientifique des sols Dr. Kris Nichols, les auteurs Paul Hawken, Maria Rodale, Kristin Ohlson et plusieurs autres. Certains sont absents dont Dr. Thomas Goreau, Dr Ratan Lal, Dr. David Montgomery, Albert Bates and Kathleen Draper, parmi d'autres.

Fondé sur la science le message est enthousiasmant. Les techniques agricoles, la gestion des déchets alimentaires pour la production de composte, peuvent inverser les dégradations de la Terre. Le documentaire évite habilement la confrontation entre végétariens et consommateurs de viande. Il dit simplement: si vous mangez de la viande, elle doit venir d'un élevage régénératif, les animaux abattus humainement. Le documentaire explique que les troupeaux comme les bisons sont à l'origine des sols dont nous avons hérités — les herbivores font partie de la nature et peuvent être une solution fondée sur la nature à la crise climatique. Cela sera une révélation pour certains: les pâturages peuvent aider à soigner la Terre. Le documentaire met également en lumière l'expérience de régénération du Loess Plateau en Chine, une histoire racontée par un autre héros, John Liu. Comme nous l'avons écrit au sujet du lancement de la revue académique *Biochar*, la Chine fait de la recherche et innove. La restauration par l'agriculture sur un territoire la taille de la Belgique, le plateau Loess, est une réussite remarquable. Elle illustre combien la Chine prend la restauration au sérieux.

La permaculture, le passage de plantes annuelles à des plantes pérennes, le biochar, les plantes à racines profondes, le re-minéralisation, la bière négative en carbone: beaucoup d'autres sujets auraient pu être abordés. Le potentiel du biochar est mentionné, mais uniquement sur une image illustrant l'ensemble des solutions. Pourtant son potentiel comme substitut à des matériaux est immense. Le bois comprimé remplaçant les minerais, les produits bio-sourcés pour une bio-civilisation ne sont pas mentionnés. Le documentaire évite la liste d'épicerie de solutions. Il gagne ainsi en efficacité. Nous aurions aimé entendre des mots comme biogéothérapie, nous avons plutôt entendu Paul Hawken utiliser bio-séquestration.

Souhaitons que des millions de personnes voient le documentaire *Kiss the Ground*. Il pourrait être un point tournant du mouvement pour l'environnement. La régénération est en

effet le nouveau Graal. Nous l'appelons biogéothérapie.

Addendum

Au moment ou nous complétons la rédaction de *Biogéothérapie*, l'association soil4climate publie une information illustrant combien les pratiques régénératrices prennent le monde d'assaut: New Balance joint le mouvement pour l'agriculture régénératrice avec 'de la terre au marché' (*Land to Market*). Il faut encore courir, mais vos souliers deviennent régénérateurs de la planète.

« Nous cherchons constamment des manières de faire avancer et d'étendre notre portfolio de matériaux bons pour l'environnement, » affirme Cynthia Maletz, directrice des plateformes pour la création de produits. « Notre relation avec *Land to Market* nous permettra de continuellement améliorer la durabilité de notre cuir, un matériau prioritaire et clé chez *New*

Balance. » « L'agriculture de régénération répare les dommages infligés à la Terre par l'humanité et elle rend les choses meilleures, » déclare pour sa part Chris Kernton, un co-dirigeant de *Land to Market*. « Sans actions ambitieuses des entreprises, l'humanité va échouer à atteindre ses objectifs pour le climat. En joignant *Land to Market*, *New Balance* s'engage à être un leader par l'action, impactant la crise climatique en restaurant la terre par l'agriculture de régénération. »

Promu par *Land to Market*, le label *Ecological Outcome Verification* (EOV) vérifie la régénération des sols. EOV mesure les eaux souterraines, l'infiltration de l'eau, la biodiversité, le carbone des sols et la santé des sols. EOV a été développé par l'Institut Savory en collaboration l'Université d'État du Michigan, Texas A&M, Ovis 21, The Nature Conservancy, et, par un large réseau de gestionnaires de terres régénératrices de par le monde.

Les fermiers et les éleveurs avec une production EOV sont éligibles à la 'liste de fournisseurs régénérateurs' publiée par *Land to Market*. Les acheteurs, les marques, les fournisseurs et les consommateurs peuvent s'approvisionner de produits ou de services issus de terres certifiées régénératrices. Le suivi EOV est effectué par des vérificateurs et des moniteurs accrédités; les données sont analysées par le Centre de vérification Savory et son Équipe d'assurance de la qualité globale.

Cette annonce a des implications majeures. C'est une initiative rejoignant les buts visés par la constellation 'régénération & biogéothérapie'. Elle participe à la construction du concept biogéothérapie pour faire de la vie une force géologique

positive.

Quatrième de couverture

Biogéothérapie — solutions à la crise climatique fondées sur la nature, la vie comme force géologique présente un mouvement de fermiers, de scientifiques, un mouvement politique et diplomatique. Il s'appuie sur quatre pratiques restauratrices: la gestion holistique des pâturages, l'agriculture sans labours avec plantes de couverture, le biochar, la reforestation à grande échelle. L'agro-foresterie, l'approche marine 'carbone bleu', les machines vivantes, la restauration de tourbières et d'autres solutions fondées sur la nature (NbS), des technologies à émissions négatives (NET), sont également brièvement présentées.

Bras diplomatique d'un mouvement pour la restauration climatique, le '4 our 1000' est décrit. Il participe d'une vague pour défendre l'agriculture et l'élevage de régénération, pour des matériaux bio-sourcés négatifs en GES. La finance carbone, des leviers comme les certificats d'extraction du dioxyde de carbone, sont présentés, avec leurs controverses.

Biogéothérapie est un néologisme définissant un modèle de développement. Il mérite notre attention et notre enthousiasme: nouvelle économie du carbone, il inverse, littéralement, l'économie émettrice de dioxyde de carbone actuelle fondée sur l'extraction et les carburants fossiles. Biogéothérapie est une posture pour la régénération et la restauration de notre maison la Terre, la Biosphère dont nous dépendons pour vivre.

Ces actions mènent à la Civilisation 280. Pharaonique, babylonien, vertigineux, les mots pour définir l'ampleur du défi climatique semblent souvent trop faibles. Biogéothérapie décrit la longue marche vers le développement durable.